企业消防安全管理与隐患排查

姜迪宁　主编
王鸿飞　刘学锋　副主编

化学工业出版社
·北京·

内容简介

《企业消防安全管理与隐患排查》共分为10章。第1章、第2章为企业消防管理基础理论，包括消防安全管理基本知识、消防安全系统工程方法；第3章到第9章为与企业消防相关的隐患排查，主要包括火灾风险行为隐患排查、工业建筑场所隐患排查、建筑消防设施隐患排查、消防设备用房隐患排查、消防重点部位隐患排查、火灾高危场所隐患排查、消防安全管理隐患排查，每一类隐患排查，都列举了隐患排查内容、依据标准、法律法规要求、隐患风险等级以及整改类型、整改方式、整改措施；第10章为重大火灾隐患判定方法，包括重大火灾隐患判定依据、重大火灾隐患判定程序、重大火灾隐患判定方法、重大火灾隐患判定要素、重大火灾隐患立案销案、重大火灾隐患判定应用举例。

本书可供企业消防安全负责人、消防安全管理人员学习使用，也可供国家注册消防工程师、注册安全工程师、企业班组长参考，还可供安全科学与工程、消防工程、应急管理专业师生阅读。

图书在版编目（CIP）数据

企业消防安全管理与隐患排查 / 姜迪宁主编；王鸿飞，刘学锋副主编. -- 北京 : 化学工业出版社，2024.10. -- ISBN 978-7-122-46114-8

Ⅰ. TU998.1

中国国家版本馆CIP数据核字第202472Q2X9号

责任编辑：高　震　　　　装帧设计：韩　飞

责任校对：王　静

出版发行：化学工业出版社

（北京市东城区青年湖南街13号　邮政编码100011）

印　　装：中煤（北京）印务有限公司

787mm×1092mm　1/16　印张13¼　字数307千字

2025年3月北京第1版第1次印刷

购书咨询：010-64518888　　　　售后服务：010-64518899

网　　址：http://www.cip.com.cn

凡购买本书，如有缺损质量问题，本社销售中心负责调换。

定　　价：58.00元

《企业消防安全管理与隐患排查》

编写人员名单

主　编： 姜迪宁

副主编： 王鸿飞　刘学锋

其他编写人员：

赵　旭　陈　浩　李建林

刘　铮　谷　月　张世杰

李君龙　张三苹　邢桂玲

前言

消防安全涉及千家万户、各行各业，既是公共安全治理的重要内容，也是应急管理的重要方面。党的二十大以来，各地各部门认真贯彻安全发展理念，坚持人民至上、生命至上，积极推进消防安全治理体系和治理能力现代化，在预防火灾和减少火灾危害，保护公民生命财产安全，维护公共安全方面发挥了重要作用。消防安全的意义在于它保障了人们的生命安全。每个生命的背后都是一个家庭！生命是最宝贵的，没有任何物质财富能够替代。我们不能坐等火灾发生后再去应对，而应该主动预防，从自我做起，从身边的小事做起，做到防患于未然。

火灾隐患是指可能导致火灾发生或火灾危害增大的各类潜在不安全因素。而消防安全隐患排查就是查找出火灾隐患并对隐患进行整改，从事后应急向主动预防转变。消防安全隐患排查是发现火灾隐患的重要途径，而隐患整改则是解决这些隐患的有效手段。通过消防安全隐患排查和整改可以预防火灾的发生，通过定期的消防安全检查，能够及时发现并整改各类火灾隐患，降低火灾事故的发生概率，有效地保护人民生命财产安全；消防安全隐患排查还可以提高应急处置能力，加强对消防设备的维修和维护，确保其正常工作。对消防通道和疏散设施等进行检查与整改，可提升应急处置能力，保障人员的安全疏散。同时，可以开展消防宣传教育，通过消防安全检查，可以及时向社会大众宣传消防安全知识，提高公众的消防安全意识。这有助于推动消防宣传教育的普及，为全民消防安全培养良好的基础，进一步减少火灾事故的发生。消防安全隐患排查与整改的重要性不言而喻。因此，我们应当高度重视消防安全隐患排查及整改工作，切实加强消防安全管理，形成全社会共同参与、共同维护的消防安全格局。这样才能够实现全面提升消防安全水平，为建设安全、稳定、和谐的社会做出积极贡献。

本书编者结合多年企业消防管理和火灾隐患排查经验，对企业消防安全管理和隐患排查进行了系统的论述，本书主要消防安全管理基础知识、消防安全系统工程方法、火灾风险行为隐患排查、工业建筑场所隐患排查、建筑消防设施隐患排查、消防设备用房隐患排查、消防重点部位隐患排查、火灾高危场所隐患排查、消防安全管理隐患排查、重大火灾隐患判定方法方面进行了论述，并建立了企业消防管理与隐患排查隐患数据库等，以便于读者对照查找消防安全隐患。

本书的主要特点：一是针对性，本书聚焦企业的消防管理和隐患排查，企业消防管理管什么、怎么管，隐患排查怎么查、查什么，并且给出了隐患排查的依据标准（有▲标志的为强制性条文，必须严格执行）、风险等级、整改类型等；二是系统性，既包括消防安全基础知识、消防安全系统工程方法等理论知识，又涵盖企业火灾风险行为、工业建筑场所、建筑消防设施、消防设备用房、消防重点部位、人员密集场所以及消防安全管理隐患排查方法，体系完整；三是实用性，本书在介绍基本理论和方法的基础上，结合企业的实际和编者多年企业消防安全隐患排查的实践经验，建立了系统完整的企业消防管理与隐患排查隐患数据库，具有非常强的实用性。

本书由姜迪宁任主编，王鸿飞、刘学锋任副主编，赵旭、陈浩、李建林、刘铮、谷月、张世杰等参加了本书的编写工作，北京平安世纪科技有限公司的李君龙、张三苹、邢桂玲对全书进行多次审校，在此表示衷心感谢。

编者水平有限，书中如有疏漏之处，恳请读者批评指正。

姜迪宁

2024 年 9 月

隐患编号说明

本书内容以消防法律法规为依据，以隐患排查手段为抓手，采取一隐患一名称、一隐患一编号、一隐患一标准、一隐患一措施，通过建立消防管理与隐患排查隐患数据库，实现消防管理与隐患排查纲举目张。

隐患编号依据文件分为技术标准和管理规定。

1. 涉及技术标准的隐患编号

涉及技术标准的隐患编号规则如下：

标准号-（年代号）-条文序号（款序号）-措施号

措施号用罗马数字Ⅰ、Ⅱ、Ⅲ、Ⅳ、Ⅴ表示。Ⅰ表示预防措施（不使火灾发生的预防措施）；Ⅱ表示限制措施（防止火灾扩大的限制措施）；Ⅲ表示灭火措施（减少火灾损失的灭火措施）；Ⅳ表示疏散措施（减少人员伤亡的疏散措施）；Ⅴ表示管理措施（确保消防合规的管理措施）。

例如，隐患编号为“GB 51251-（2017）-3.3.6（3）-Ⅱ”，表示该隐患是违反了GB 51251—2017中3.3.6条第3款的内容，即该隐患是违反了送风口的风速不宜大于7m/s的规定，该隐患是违反了限制措施，存在火灾扩大的隐患。

2. 涉及管理规定的隐患编号

涉及管理规定的隐患编号规则如下：

发布单位-文件号（发布时间）-条文序号（款序号）-措施号

例如，隐患编号为“公安部令-61（2001）-25-Ⅴ”，表示该隐患是违反了《机关、团体、企业、事业单位消防安全管理规定》（公安部令［2001］第61号）第二十五条“消防安全重点单位应当进行每日防火巡查，并确定巡查的人员、内容、部位和频次。其他单位可以根据需要组织防火巡查”。该隐患为管理措施的缺陷（措施号同涉及技术标准的隐患编号），存在消防管理不合规的情况。

目录

第1章 消防安全管理基本知识

消防安全管理在现代社会中扮演着举足轻重的角色。随着城市化发展的不断加快，火灾事故的频发给人们的生命和财产带来了巨大的威胁。因此，消防安全管理显得尤为重要，它能有效地预防和控制火灾事故的发生，保护人民的生命安全。除了人身安全，消防安全管理还致力于保护财产免受火灾的侵害。火灾往往会给企业、家庭带来严重的经济损失。加强消防安全管理可以提高公众对火灾的防范意识，有效减少火灾的发生次数和影响范围，维护社会的稳定和安宁。

本章对消防安全管理的一些基本知识进行阐述，内容包括：消防安全管理要素、消防安全管理内容、消防安全管理体系、消防安全管理层级、企业高层消防安全管理、企业中层消防安全管理和企业基层消防能力。

1.1 消防安全管理要素

要素是指构成一个客观事物的存在并维持其运动的必要的最小单位，是组成系统的基本单元，是系统产生、变化、发展的动因。只有全面理解消防安全管理要素，才能真正做好消防安全管理工作。消防安全管理要素是消防安全管理的核心内容，也是消防安全管理的总体要求。

消防安全管理要素分为：消防工作方针、消防工作原则、消防安全管理职能、消防安全管理对象、消防安全管理主体、消防安全管理目标、消防法律法规、消防安全管理方法、消防职业道德和消防安全文化。

1.2 消防安全管理内容

消防安全管理是指依照消防法律、法规及规章制度、遵循火灾发生发展的规律及国民经济发展的规律，运用管理科学的原理和方法，通过各种消防安全管理职能和要素，实行既定消防工作方针和工作原则，为实现消防安全目标所进行的各种活动的总称。

消防安全管理内容包括：消防安全管理机构、消防安全职责、消防安全制度、消防重点管理、消防设施维护管理、消防档案管理、火灾隐患排查、初起火灾扑救、安全疏散逃生和消防教育培训。

1.3 消防安全管理体系

管理体系是组织用于建立方针、目标以及实现这些目标的过程的相互关联和相互作用的一组要素。一个组织的管理体系可包括若干个不同的子管理体系。就消防而言，消防安全管理体系建设，主要包括以下方面：消防安全职责和消防安全制度体系；建筑消防设施维护管理体系；消防管理与隐患排查体系；消防安全教育和培训体系；灭火和应急预案演练体系；消防档案管理体系；消防职业道德和安全文化体系等。

1.4 消防安全管理层级

管理层次是在职权等级链上所设置的管理职位的级数。当组织规模不大时，一个管理者可以直接管理每一位作业人员的活动，这时组织就只存在一个管理层次；而当组织规模扩大，导致管理工作量超出了管理者的能力时，为了保证组织的正常运转，管理者就必须委托他人来分担自己的一部分管理工作，这使管理层次增加到两个层次；随着组织规模的进一步扩大，受托者又不得不进而委托其他的人来分担相应的工作，依此类推，而形成了组织的等级制或多层次性管理结构。

管理层次的划分：根据组织中管理层次的多少，任务量与组织规模的大小而定。一般地，管理层次分为上、中、下三层，每个层次都应有明确的分工及相应的职责。按照“逐级指挥原则”，下级只能接受上级的指挥，上级不能越级指挥下级。

通常，上层也称最高领导层或战略决策层，其主要职能是从整体利益出发，对组织实行统一指挥和综合管理，并制定组织目标和方针。

中层也称为经营管理层或执行管理层，其主要职能是为达到组织的目标，为各职能部门制定具体的管理目标，制订和选择计划的实施方案、步骤和程序，评价反馈生产经营成果和制定纠正偏离目标的措施等。

下层也称为实施操作层，其主要职能是按照计划和程序，具体落实完成基层组织的各项工作和实施计划并能有效处置和操作。

管理层次与管理宽度成反比。按照管理宽度与管理层次，形成了两种层次：扁平结构和直式结构。

扁平结构是指管理层次少而管理宽度大的结构，直式结构则相反。扁平结构有利于密切上下级之间的关系，信息纵向流动快，管理费用低，被管理者有较大的自由性和创造性，同时也有利于选择和培训下属人员，但上级不能严密地监督下级，上下级协调较差，同级间相互沟通联络困难。

直式结构具有管理严密，分工细致明确，上下级易于协调的特点，但层次增多带来的问题也越多：管理人员之间的协调工作急剧增加，互相扯皮的事不断；管理费用增加；上下级的意见沟通和交流受阻；上层对下层的控制变得困难；管理严密影响了下级人员的积极性与创造性。一般地，为了达到有效，应尽可能地减少管理层次。

就消防安全管理而言，根据《机关、团体、企业、事业单位消防安全管理规定》（公安部令［2001］第 61 号），在企业管理层级基础上，消防安全管理层级大体分为：高层领导决策层、中层执行管理层和基层实际操作层。

1.5　企业高层消防安全管理

主要包括：高层管理人员及消防安全管理机构设置，履行消防安全职责和制定消防安全制度等。

1.5.1　高层消防管理人员

主要包括：消防安全责任人和消防安全管理人。

（1）消防安全责任人

法人单位的法定代表人或者非法人单位的主要负责人是单位的消防安全责任人，对本单位的消防安全工作全面负责。

（2）消防安全管理人（及所属各部门负责人）

单位可以根据需要确定本单位的消防安全管理人。消防安全管理人对单位的消防安全责任人负责。消防安全管理人应当定期向消防安全责任人报告消防安全情况，及时报告涉及消防安全的重大问题。

1.5.2　消防安全管理机构

根据 2003 年 10 月 29 日国务院办公厅发出的《关于成立国务院安全生产委员会的通知》，国务院设立安全生产委员会，旨在加强对全国安全生产工作的统一领导，促进安全生产形势的稳定好转，保护国家财产和人民生命安全。按照《安全生产法》安全生产工作坚持中国共产党领导，这是强化安全生产的重要举措。其主要职责如下：

（1）在国务院领导下，负责研究部署、指导协调全国安全生产工作。

（2）研究提出全国安全生产工作的重大方针政策。

（3）分析全国安全生产形势，研究解决安全生产工作中的重大问题。

（4）必要时，协调总参谋部和武警总部调集部队参加特大生产安全事故应急救援工作。

（5）完成国务院交办的其他安全生产工作。

作为单位成立安全生产委员会或消防安全委员会，在国务院安委会统一领导下，结合单位实际情况开展安全生产和消防安全工作。单位安委会设主任、副主任、成员等；安委会应定期组织召开工作例会，研究和解决安全生产工作，其中包括消防安全工作等重大问题。

1.5.3 消防安全职责

1.5.3.1 单位消防安全职责

根据《消防法》，各级单位应当落实逐级消防安全责任制和岗位消防安全责任制，明确逐级和岗位消防安全职责，确定各级、各岗位的消防安全责任人。机关、团体、企业、事业等单位应当履行下列消防安全职责：

（1）落实消防安全责任制，制定本单位的消防安全制度、消防安全操作规程，制定灭火和应急疏散预案；

（2）按照国家标准、行业标准配置消防设施、器材，设置消防安全标志，并定期组织检验、维修，确保完好有效；

（3）对建筑消防设施每年至少进行一次全面检测，确保完好有效，检测记录应当完整准确，存档备查；

（4）保障疏散通道、安全出口、消防车通道畅通，保证防火防烟分区、防火间距符合消防技术标准；

（5）组织防火检查，及时消除火灾隐患；

（6）组织进行有针对性的消防演练；

（7）法律、法规规定的其他消防安全职责。

为强化单位消防安全职责，根据《消防安全责任制实施办法》（国发办〔2017〕87号）规定机关、团体、企业、事业等单位应当落实消防安全主体责任，履行下列职责：

（1）明确各级、各岗位消防安全责任人及其职责，制定本单位的消防安全制度、消防安全操作规程、灭火和应急疏散预案。定期组织开展灭火和应急疏散演练，进行消防工作检查考核，保证各项规章制度落实。

（2）保证防火检查巡查、消防设施器材维护保养、建筑消防设施检测、火灾隐患整改、专职或志愿消防队和微型消防站建设等消防工作所需资金的投入。生产经营单位安全费用应当保证适当比例用于消防工作。

（3）按照相关标准配备消防设施、器材，设置消防安全标志，定期检验维修，对建筑消防设施每年至少进行一次全面检测，确保完好有效。设有消防控制室的，实行24小时值班制度，每班不少于2人，并持证上岗。

（4）保障疏散通道、安全出口、消防车通道畅通，保证防火防烟分区、防火间距符合消防技术标准。消防安全隐患数据库的门窗不得设置影响逃生和灭火救援的障碍物。保证建筑构件、建筑材料和室内装修装饰材料等符合消防技术标准。

（5）定期开展防火检查、巡查，及时消除火灾隐患。

（6）根据需要建立专职或志愿消防队、微型消防站，加强队伍建设，定期组织训练演练，加强消防装备配备和灭火药剂储备，建立与公安消防队联勤联动机制，提高扑救初起火灾能力。

（7）消防法律、法规、规章以及政策文件规定的其他职责。

1.5.3.2　单位消防安全责任人职责

根据《机关、团体、企业、事业单位消防安全管理规定》（公安部令［2001］第 61 号）单位的消防安全责任人应当履行下列消防安全职责：

（1）贯彻执行消防法规，保障单位消防安全符合规定，掌握本单位的消防安全情况；

（2）将消防工作与本单位的生产、科研、经营、管理等活动统筹安排，批准实施年度消防工作计划；

（3）为本单位的消防安全提供必要的经费和组织保障；

（4）确定逐级消防安全责任，批准实施消防安全制度和保障消防安全的操作规程；

（5）组织防火检查，督促落实火灾隐患整改，及时处理涉及消防安全的重大问题；

（6）根据消防法规的规定建立专职消防队、义务消防队；

（7）组织制定符合本单位实际的灭火和应急疏散预案，并实施演练。

1.5.3.3　单位消防安全管理人职责

根据《机关、团体、企业、事业单位消防管理规定》（公安部令［2011］第 61 号）单位可以根据需要确定本单位的消防安全管理人。消防安全管理人对单位的消防安全责任人负责，实施和组织落实下列消防安全管理工作：

（1）拟定年度消防工作计划，组织实施日常消防安全管理工作。

（2）组织制订消防安全管理制度和保障消防安全的操作规程并检查督促其落实。

（3）拟定消防安全工作的资金投入和组织保障方案。

（4）组织实施防火检查和火灾隐患整改工作。

（5）组织实施对本单位消防设施、灭火器材和消防安全标志的维护保养，确保其完好有效，确保疏散通道和安全出口畅通。

（6）组织管理专职消防队和义务消防队。

（7）在员工中组织开展消防知识、技能的宣传教育和培训，组织灭火和应急疏散预案的实施和演练。

（8）单位消防安全责任人委托的其他消防安全管理工作。消防安全管理人应当定期向消防安全责任人报告消防安全情况，及时报告涉及消防安全的重大问题。未确定消防安全管理人的单位，前款规定的消防安全管理工作由单位消防安全责任人负责实施。

（9）其他相关消防安全职责。

1.5.4　消防安全制度

单位实行统一管理，必须建立健全各项消防安全制度和保障消防安全的操作规程，并公布执行。做到消防安全管理的制度化、制度的流程化、流程的信息化、信息的智能化。单位消防安全制度主要包括以下内容：

（1）消防安全教育、培训制度；

（2）防火巡查、检查制度；

（3）安全疏散设施管理制度；

（4）消防（控制室）值班制度；
（5）消防设施、器材维护管理制度；
（6）火灾隐患整改制度；
（7）用火、用电安全管理制度；
（8）易燃易爆危险物品和场所防火防爆制度；
（9）专职和义务消防队（微型消防站）的组织管理制度；
（10）灭火和应急疏散预案演练制度；
（11）燃气和电气设备的检查和管理（包括防雷、防静电）制度；
（12）消防安全工作考评和奖惩制度；
（13）其他必要的消防安全内容。

1.6 企业中层消防安全管理

主要包括：中层消防管理人员、消防安全重点管理、日常防火巡查和定期防火检查、消防设施维护管理、消防档案管理。

1.6.1 中层消防管理人员

中层消防安全管理人员包括：专、兼职消防安全管理人员，注册消防工程师及所属各部门负责人等。

1.6.1.1 专、兼职消防安全管理人员

单位应当确定专职或者兼职消防安全管理人员，确定消防工作的归口管理职能部门。归口管理职能部门和专兼职消防安全管理人员在消防安全责任人或者消防安全管理人的领导下开展消防安全管理工作。专、兼职消防管理人员承上启下，具体做好企业消防安全管理人员交付的各项消防安全工作，并及时向消防安全管理人员报告消防工作情况。

1.6.1.2 注册消防工程师

注册消防工程师是指经考试取得相应级别消防工程师资格证书，并依法注册后，从事消防技术咨询、消防安全评估、消防安全管理、消防安全技术培训、消防设施检测、火灾事故技术分析、消防设施维护、消防安全监测、消防安全检查等消防安全技术工作的专业技术人员。

1.6.2 消防安全重点管理

消防安全重点管理包括：消防安全重点单位界定标准、消防安全重点单位管理和消防安全重点部位管理。

1.6.2.1 消防安全重点单位界定标准

根据《机关、团体、企业、事业单位消防安全管理规定》，下列范围的单位是消防安全重点单位，应当按照本规定的要求，实行严格管理：

（1）商场（市场）、宾馆（饭店）、体育场（馆）、会堂、公共娱乐场所等公众聚集场所（以下统称公众聚集场所）；

（2）医院、养老院和寄宿制的学校、托儿所、幼儿园；

（3）国家机关；

（4）广播电台、电视台和邮政、通信枢纽；

（5）客运车站、码头、民用机场；

（6）公共图书馆、展览馆、博物馆、档案馆以及具有火灾危险性的文物保护单位；

（7）发电厂（站）和电网经营企业；

（8）易燃易爆化学物品的生产、充装、储存、供应、销售单位；

（9）服装、制鞋等劳动密集型生产、加工企业；

（10）重要的科研单位；

（11）其他发生火灾可能性较大以及一旦发生火灾可能造成重大人身伤亡或者财产损失的单位。高层办公楼（写字楼）、高层公寓楼等高层公共建筑，城市地下铁道、地下观光隧道等地下公共建筑和城市重要的交通隧道，粮、棉、木材、百货等物资集中的大型仓库和堆场，国家和省级等重点工程的施工现场，应当按照本规定对消防安全重点单位的要求，实行严格管理。

1.6.2.2 消防安全重点单位管理

（1）消防安全重点单位及其消防安全责任人、消防安全管理人应当报当地消防救援机构备案。

（2）消防安全重点单位建立消防安全例会制度，处理涉及消防安全的重大问题，研究、部署、落实本场所的消防安全工作计划和措施。消防安全例会应由消防安全责任人主持，消防安全管理人提出议程，有关人员参加，并应形成会议纪要或决议，人员密集场所每月不宜少于一次。

消防安全重点单位管理内容应用举例，如表1-1所示。

表1-1 消防安全重点单位管理内容应用举例

序号	消防管理内容	消防重点单位	非重点单位
1	消防管理机构	建立消防管理机构 确定消防安全责任人、管理人、管理人员	建立消防管理机构 确定消防安全责任人、管理人、管理人员
2	消防安全职责	明确岗位消防安全职责	明确岗位消防安全职责
3	消防安全制度	建立消防安全制度、规程	建立消防安全制度、规程
4	消防重点管理	重点单位和重点部位	确定重点部位
5	消防设施维护	消防设施全面检测一年一次； 消防设施巡查每日一次	消防设施全面检测一年一次； 消防设施巡查每周一次

续表

序号	消防管理内容	消防重点单位	非重点单位
6	消防档案管理	建立消防档案	根据实际确定(建立消防台账)
7	火灾隐患排查	公众聚集场所防火巡查2h一次 重点单位防火巡查每日一次 重点单位防火检查每月一次	防火巡查根据实际确定 防火检查每季度一次
8	初起火灾扑救	建立微型消防站,消防管理人兼站长	建立志愿消防队
9	安全疏散逃生	制定灭火和应急疏散预案, 每半年演练一次	制定灭火和应急疏散预案, 每年演练一次
10	消防教育培训	公众聚集场所全员消防培训每半年一次 重点单位全员消防培训每年一次 消防安全责任人、消防安全管理人、 消防管理人员接受消防安全专门培训	根据实际需要确定

1.6.2.3 消防安全重点部位管理

（1）消防安全重点部位确定。单位应当将容易发生火灾、一旦发生火灾可能严重危及人身和财产安全以及对消防安全有重大影响的部位确定为消防安全重点部位，设置明显的防火标志，实行严格管理。

（2）消防安全重点部位类型。人员集中的厅（室）以及建筑内的消防控制室、消防水泵房、储油间、变配电室、锅炉房、厨房、空调机房、资料库、可燃物品仓库和化学实验室等。

（3）消防安全重点部位应建立岗位消防安全责任制，并明确消防安全管理的责任部门和责任人。

（4）确定为消防安全重点部位，配备相应的灭火器材、装备和个人防护器材。

（5）消防安全重点部位应制定和完善事故应急处置操作程序。

（6）消防安全重点部位应在明显位置张贴“消防安全重点部位”标识，实行严格管理。

1.6.3 建筑消防设施维护管理

根据《建筑消防设施的维护管理》(GB 25201—2010)，建筑消防设施维护管理包括：消防值班、消防巡查、消防检测、消防维修、消防保养、消防技术档案管理。如表 1-2 所示。

表 1-2　建筑消防设施维护管理

序号	岗位类型	持证资格	主要内容	填写记录
1	值班	初级技工(调整为中级)以上等级的职业资格证书	每班工作时间不大于8h, 每班人员不少于2人	《消防控制值班记录表》 (见 GB 25201—2010 表 A.1)
2	巡查	初级技工以上等级的 职业资格证书	① 消防安全重点单位, 每日巡查一次 ② 其他单位,每周至少 巡查一次	《建筑消防设施巡查记录表》 (见 GB 25201—2010 6.2.1—6.2.19)

续表

序号	岗位类型	持证资格	主要内容	填写记录
3	检测	高级技工以上等级职业资格证书(可由第三方施行)	建筑消防设施应每年至少检测一次	《建筑消防设施检测记录表》(见 GB 25201—2010 7.2.1—7.2.19)
4	维修	初级技师以上等级职业资格证书	值班、巡查、检测、灭火演练中发现建筑消防设施存在问题和故障	《建筑消防设施故障维修记录表》
5	保养	高级技师以上等级职业资格证书	—	《建筑消防设施维修保养记录表》(见 GB 25201—2010 附录 E 中 E.2)
6	档案	GB 25201—2010 中 10.2.2《消防控制室值班记录表》和《建筑消防设施巡查记录表》的存档时间不应少于 1 年	GB 25201—2010 中 10.2.3《建筑消防设施检测记录表》、《建筑消防设施故障给修记录表》、《建筑消防设施维护保养计划表》、《建筑消防设施维护保养记录表》的存档时间不应少于 5 年	

1.6.4　消防档案管理

消防安全重点单位应当建立健全消防档案。消防档案应当包括消防安全基本情况和消防安全管理情况。消防档案应当翔实，全面反映单位消防工作的基本情况，并附有必要的图表，根据情况变化及时更新。消防档案应指定专人管理，可存放在消防控制室。

1.6.4.1　消防安全基本情况

主要包括以下内容：

（1）单位基本概况和消防安全重点部位情况；

（2）建筑物或者场所施工、使用或者开业前的消防设计审核、消防验收以及消防安全检查的文件、资料；

（3）消防安全管理组织机构和各级消防安全责任人；

（4）消防安全制度；

（5）消防设施、灭火器材情况；

（6）专职消防队、义务消防队人员及其消防装备配备情况；

（7）与消防安全有关的重点工种人员情况；

（8）新增消防产品、防火材料的合格证明材料；

（9）灭火和应急疏散预案；

（10）其他相关消防安全基本情况。

1.6.4.2　消防安全管理情况

主要包括以下内容：

（1）公安消防机构填发的各种法律文书；

（2）消防设施定期检查记录、自动消防设施全面检查测试的报告以及维修保养的记录；

（3）火灾隐患及其整改情况记录；
（4）防火检查、巡查记录；
（5）有关燃气、电气设备检测（包括防雷、防静电）等记录资料；
（6）消防安全培训记录；
（7）灭火和应急疏散预案的演练记录；
（8）火灾情况记录；
（9）消防奖惩情况记录；
（10）其他相关消防安全管理情况。

1.7 企业基层消防能力

1.7.1 基层消防人员

基层消防人员包括：消防设施操作人员、专职消防组织人员、志愿消防人员、微型消防站人员。

1.7.1.1 消防设施操作人员

消防设施操作员指从事消防控制室值班操作和在消防技术服务机构从事消防设施检测、维修、保养等工作的人员。其消防职业技能等级分为五级。消防控制室值班人员为五级至二级，消防设施检测、维修、保养为四级至一级。

1.7.1.2 专职消防组织人员

专职消防人员指有固定的消防站用房，配备消防车辆、装备、通信器材，参加消防组织，定期组织消防训练，24 小时备勤，能够在接到火警出动信息后迅速集结、参加灭火救援的消防组织和人员。

1.7.1.3 志愿消防人员

志愿消防人员（原义务消防人员）指平时有自己的主要职业、不在消防站备勤，但配备消防装备、通信器材，定期组织消防训练，如后勤人员、保安人员、物业人员等。志愿消防人员不宜低于岗位人数的 20％。

1.7.1.4 微型消防站人员

微型消防站是以救早、灭小和“三分钟到场”扑救初起火灾为目标，配备必要的消防器材，依托单位志愿消防队伍和社区群防群治队伍。有消防重点单位微型消防站和社区微型消防站两类，是在消防安全重点单位和社区建设的最小消防组织单元。

微型消防站人员配备，在志愿消防人员基础上不少于 6 人；设站长、副站长、消防员、控制室值班员等岗位，配有消防车辆的微型消防站应设驾驶员岗位；站长应由单位消防安全管理人兼任，消防员负责防火巡查和初起火灾扑救工作；微型消防站人员应当接受岗前培训，培训内容包括扑救初起火灾业务技能、防火巡查基本知识等。

1.7.2　消防隐患排查能力

根据公安部《构筑社会消防安全“防火墙”工程工作方案》(公通字［2010］16 号)，开展社会单位消防安全“四个能力”建设，对企业提出消防四个能力要求，即提高检查消除火灾隐患能力；提高组织扑救初起火灾能力；提高组织人员疏散逃生能力和提高消防宣传教育培训能力。

火灾隐患是指可能导致火灾发生或火灾危害增大的各类潜在不安全因素。火灾隐患按整改方式分为即时火灾隐患和固有火灾隐患。其中，即时火灾隐患是指能够立即整改的火灾隐患；固有火灾隐患是指不能立即整改，有一定整改难度，限期整改的隐患。

火灾隐患按危害后果分为一般火灾隐患和重大火灾隐患 。一般火灾隐患是指可能导致火灾发生或火灾危害增大的各类潜在不安全因素；重大火灾隐患是指违反消防法律法规，可能导致火灾发生或火灾危害增大，并由此可能造成特大火灾事故后果和严重社会影响的各类潜在不安全因素。

隐患是导致事故的根源，企业不消除隐患，隐患就消灭企业。隐患可通过开展消防检查和隐患排查等方法，其中，消防检查（又称规定动作）可分为：事前消防审计审查、消防验收检查；事中日常防火巡查、定期防火检查等；火灾隐患排查（又称自选动作）可分为：火灾风险隐患排查、建筑消防设施隐患排查、消防安全管理隐患排查、消防系统隐患分析和重大火灾隐患判定等。在此基础上，采取消防安全措施。如预防措施、限制措施、灭火措施和疏散措施、管理措施。

1.7.3　消防初起灭火能力

根据《消防法》有关规定，任何单位和个人都有维护消防安全、保护消防设施、预防火灾、报告火警的义务；任何单位和成年人都有参加有组织的灭火工作的义务。

按火灾发展阶段分为；初起阶段、发展阶段、猛烈发展阶段和熄灭阶段。其中，初起阶段是最佳灭火时机，做到早发现、早报警，灭早、灭小、灭初起火灾。

灭火基本方法包括：隔离法、窒息法、冷却法和抑制法。如使用灭火器、灭火毯、消火栓、自动喷水等灭火设施器材灭火方法。

1.7.4　消防疏散逃生能力

安全疏散逃生设施包括：疏散走道、疏散楼梯、疏散出口和辅助疏散设施等。安全疏散通道是生命通道，单位和个人严禁占用、堵塞、封闭疏散通道及安全出口。

单位和个人学会按照疏散指示标识选择疏散逃生路线方法；学会使用湿毛巾捂住口鼻疏散逃生方法；学会使用消防防毒面具疏散逃生，有条件的学会缓降器自救逃生方法等。

1.7.5 消防教育培训能力

机关、团体、企业、事业等单位，应当加强对本单位人员的消防宣传教育。通过消防教育培训，提高消防安全责任意识及杜绝违规行为，具体做到以下方面：

（1）禁止非法携带易燃易爆危险品进入公共场所或者乘坐公共交通工具；

（2）任何单位、个人不得损坏、挪用或者擅自拆除、停用消防设施、器材；

（3）禁止在具有火灾、爆炸危险的场所吸烟、使用明火；

（4）严禁常闭式防火门处于开启状态，防火卷帘下堆放物品影响使用；

（5）严禁消火栓、灭火器材被遮挡影响使用或者被挪作他用。不得埋压、圈占、遮挡消火栓或者占用防火间距等。

第2章 消防安全系统工程方法

系统工程方法是实现系统最优化管理的工程技术，它本质上是一种组织管理技术，也是一种具有普遍意义的科学技术方法。钱学森在《组织管理的技术——系统工程》一文中指出，系统工程方法运用各种组织管理技术，使系统的整体与局部之间的关系协调和相互配合，实现总体的最优运行。消防安全管理问题的本质就是一个复杂的系统工程问题，由此将系统安全工程方法引入消防安全管理，并衍生出消防安全系统工程。消防安全系统工程应用特点主要体现在以下几个方面。

(1) 系统性。无论是系统安全分析、系统安全评价的理论，还是系统消防安全管理模式和方法的应用都表现了系统性的特点，它从系统的整体出发，综合考虑系统的相关性、环境适应性等特点，始终追求系统总体目标的满意解或可接受解。

(2) 预测性。消防安全系统工程分析技术与评价技术的应用，无论是定性的，还是定量的，都是为了预测系统存在的危险因素和风险水平。人们是通过预测来掌握系统安全状况，风险能否接受，以便决定是否应当采取措施控制风险。

(3) 层序性。消防安全系统工程的应用是按照系统的时、空两个维度有序展开的。一般是按照系统生命过程有序进行，贯彻到系统的方方面面。因此，消防安全系统工程具有明显的层序性。

(4) 择优性。主要体现在系统风险控制方案的综合与比较，从各种备选方案中选取最优方案。在选取控制风险的安全措施方面，一般按下列优先顺序选取方案：设计上消除→设计上降低→提供保护装置→提供报警装置→提供灭火装置→提出操作规程→制定应急预案。

系统安全分析和控制的理论方法在消防安全系统工程中占有重要的地位，从某种意义上而言，它是消防安全系统工程的核心，至今国内外发表的方法已有数十种。由于每一种方法都有自己产生的历史背景和环境条件，故各有特点并也有相似之处。在选择使用时，应根据特定的环境和所研究系统的条件，选择恰当的分析方法。本章现将较为常见的相关方法做简单介绍如下。

2.1 危险源辨识方法

2.1.1 危险源辨识方法简介

根据《职业健康安全管理体系 要求及使用指南》(GB/T 45001—2020)，危险源指可能导致伤害和健康损害的来源。危险源可能是物理的、化学的、生物的、心理的、机械的、电的或基于运动或能量的，如果不加以辨识和管控将最终导致事故发生。持续主动地开展危险源辨识是有效防范事故和控制风险的重要手段。危险源辨识始于任何新的工作场所、设施、产品或组织的概念设计阶段，宜随着设计的细化及其随后的运行持续进行，并贯穿其整个生命周期，以反映当前的、变化的和未来的活动。根据危险源在事故发生、发展过程中的作用，把危险源划分为以下两大类：

(1) 第一类危险源

根据能量意外释放理论，能量或危险物质的意外释放是伤亡事故发生的物理本质。于是，一般把生产过程中存在的可能发生意外释放的能量（能源或能量载体）或危险物质称作第一类危险源。为了防止第一类危险源导致事故，必须采取措施约束、限制能量或危险物质，控制危险源。

(2) 第二类危险源

正常情况下，生产过程中的能量或危险物质受到约束或限制，不会发生意外释放，即不会发生事故。但是，一旦这些约束或限制能量或危险物质的措施受到破坏或失效（故障），则将发生事故。导致能量或危险物质约束或限制措施破坏或失效的各种因素称作第二类危险源。

第二类危险源主要包括以下三种：

① 物的故障。指机械设备、装置、元部件等由于性能低下而不能实现预定的功能的现象。从安全功能的角度，物的不安全状态也是物的故障。物的故障可能是固有的，由于设计、制造缺陷造成的；也可能由于维修、使用不当，或磨损、腐蚀、老化等原因造成的。

② 人的失误。指人的行为结果偏离了被要求的标准，即没有完成规定功能的现象。人的不安全行为也属于人的失误。人的失误会造成能量或危险物质控制系统故障，使屏蔽破坏或失效，从而导致事故发生。

③ 环境因素。人和物存在的环境，即生产作业环境中的温度、湿度、噪声、振动、照明或通风换气等方面的问题，会促使人的失误或物的故障发生。

2.1.2 危险源辨识方法应用

(1) 引火源危险辨识

火灾引火源辨识，分为四类八种，如表 2-1 所示。

(2) 危险物危险辨识

易燃易爆化学危险品危险辨识，分为八类：压缩和液化气体、易燃液体、易燃固体、自燃物品、遇湿易燃物品、氧化剂和有机过氧化物、毒害品中部分易燃易爆化学物品、腐蚀品中部分易燃易爆化学物品。易燃易爆危险物危险辨识，如表 2-2 所示。

表 2-1　引火源辨识

类型	机械火源	热火源	电火源	化学火源
种类	碰撞摩擦	热射线	电火花	明火
	绝热压缩	高温表面	静电火花	化学发热

表 2-2　易燃易爆化学危险品危险辨识

序号	类型	常见火灾危险物辨识应用举例
1	压缩和液化气体	液化石油气、一氧化碳、氢气、乙炔等。
2	易燃液体	二硫化碳、苯、乙醇、乙醚、汽油等
3	易燃固体	红磷、闪光粉、硫黄、铝粉等
4	自燃物品	黄磷、硝化纤维胶片、三乙基铝
5	遇湿易燃物品	金属钾、钠、锂、电石、镁铝粉
6	氧化剂和有机过氧化物	氧气、氯气、高锰酸剂等
7	毒害品中易燃易爆化学物品	氰化氢、氨、硫化氢、氯化氢等
8	腐蚀品中易燃易爆化学物品	发烟硝酸、发烟硫酸、氢氧化钠等

其他火灾危险源辨识，即火灾有可能造成的危害后果，如火灾荷载（扩大蔓延）、火灾烟毒（中毒事故）、灼烫事故、触电事故、物体打击事故、坠落事故、坍塌事故、踩踏事故等，均为火灾后的次生事故。

2.2　故障模式及影响分析法

2.2.1　故障模式及影响分析法简介

故障模式及影响分析法（Failure Modes and Effects Analysis，FMEA）的起源可追溯至 20 世纪 40 年代的美国军事行业。当时，为了确保军事设备的可靠性和安全性，美国空军开始采用 FMEA 作为一种预防性的质量工具。这种方法最初被称为“失效模式与预防措施分析”，主要针对军事设备的生产和维护阶段的故障管控。FMEA 通过分析潜在的失效模式，并评估其对整个系统的影响，FMEA 旨在预防或最小化设备或系统失效的风险。随着时间的推移，FMEA 的应用范围逐渐扩大，不仅限于军事领域，还广泛应用于汽车、电子、医疗和航空等众多行业，并逐步扩展至安全管理。

2.2.2　故障模式及影响分析法应用

常见的 FMEA 表格总共包含 11 个分析项：功能点、故障模式、故障影响、严重程度、故障原因、故障概率、风险程度、已有措施、规避措施、解决措施和后续规划。

① 功能点。指目前需要分析系统的功能点。

② 故障模式。指系统可能出现的故障点和故障形式。

③ 故障影响。出现“故障模式”中说明的故障情况时，当前的“功能点”会有什么影响。

④ 严重程度。严重程度的评估需要站在业务的角度来看故障的影响。可以使用这条公式：

严重程度＝功能点重要程度×故障影响范围×功能点受损程度

严重程度等级可以分为无、低、中、高、极高。

⑤ 故障原因。相同功能点下可能有相同的故障模式，但是其原因可能不一样。

⑥ 故障概率。指上述故障原因发生的概率，可以分为低、中、高三个等级。

⑦ 风险程度。

风险程度＝严重程度×故障概率。由于与故障概率相关，所以有些影响非常大的故障但故障概率非常小，其风险程度可能不会很高。

⑧ 已有措施。已有措施就是系统架构中是否有提供一些可采取的措施来对应当前的故障。可以是检测告警、容错、自我恢复等。

⑨ 规避措施。为了降低某一故障发生的概率，要在技术、管理方面有相关的可行手段。

⑩ 解决措施。解决措施是指为了解决某一故障而采取的手段。

⑪ 后续规划。经过了前面10项的分析，我们已经能看出整个系统架构中存在的问题和不足，欠缺了怎样的应对措施。这时，可以给出可以使用的各种预防事故的手段或者措施，从而形成应对故障的后续规划。

2.3 鱼骨图分析法

2.3.1 鱼骨图分析法简介

鱼骨图分析法，也被称为因果分析法，它是一种用于发现问题“根本原因”的分析方法，由日本管理大师石川馨先生所发明的，所以也被称为石川图分析法。鱼骨图分析法的核心在于，通过头脑风暴找出影响问题的主要致因，按相互关联性整理而成的层次分明、条理清楚并标出重要因素的图形，由于最终图形的形状非常像鱼骨，因此被称为鱼骨图。鱼骨图分析法可以帮助人们透过现象看本质，理解问题的深层原因和相互关系。通过这种图形化的方式，人们可以更直观地理解问题的复杂性，并找出问题的根本原因，从而为解决问题提供思路。鱼骨图分析类似思维导图，可与其共同使用，从而更全面地识别和分析问题。

2.3.2 鱼骨图分析法应用

（1）分析结构

① 针对问题点，选择层别、类别划分方法（如人机料法环等）。

② 按头脑风暴分别对各层别类别找出所有可能原因（因素）。

③ 将找出的各要素进行归类、整理，明确其从属关系。

④ 分析选取重要因素。

⑤ 检查各要素的描述方法，确保语法简明、意思明确。

(2) 分析要点

① 确定大要因（大骨）时，现场作业一般从“人机料法环”着手，管理类问题一般从“人事时地物”层别，应视具体情况决定；

② 大要因必须用中性词描述（不说明好坏），中、小要因必须使用价值判断（如…不良）；

③ 头脑风暴时应尽可能多而全地找出所有可能原因，而不仅限于自己能完全掌控或正在执行的内容。

(3) 绘图过程

① 填写鱼头（按为什么不好的方式描述），画出主骨。

② 画出大骨，填写大要因。

③ 画出中骨、小骨，填写中小要因。

④ 用特殊符号标识重要因素。

以工厂火灾事故为案例，开展鱼骨图分析法应用案例见图 2-1。

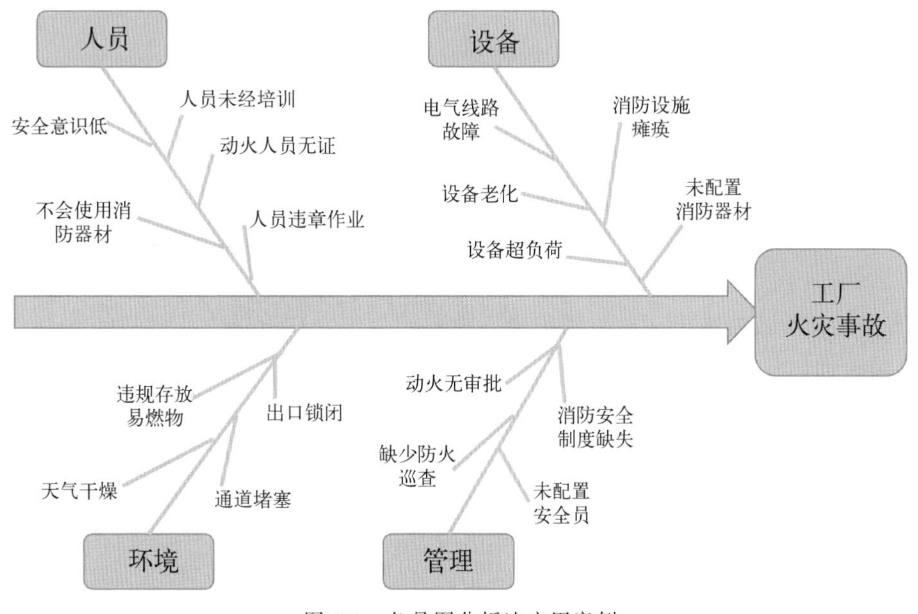

图 2-1　鱼骨图分析法应用案例

2.4　蝴蝶图分析法

2.4.1　蝴蝶图分析法简介

蝴蝶图分析法（Bow-Tie）来源于 20 世纪 70 年代的因果图（cause consequence diagrams)，后由 ICI（帝国化学工业公司）的 David Gill 完善了这种方法，并将其改称为 Bow-Tie。它是一种风险分析和管理的方法，它采用一种形象简明的结构化方法对风险进行分析，把风险分析的重点集中在风险控制和管理系统之间的联系上。因此，它不仅可以帮助安全管理者系统、全面地对风险进行分析，而且能够真正实现对安全风险进行管理。这种方法类似于蝴蝶的两个翅膀，将原因（蝴蝶结的左侧作为事件树分析）和后果（蝴蝶结的右侧作为事故树分析）二者分析相结合，对具有安全风险的事件（称为顶事件，蝴蝶结的中心）进行详细分析。用绘制蝴蝶结图的方式来表示事故（顶事件）、事故发生的原因、导致事故的途径、事故的后果以及预防事故发生的措施之间的关系。由于其图形与蝴蝶或蝴蝶结相似，故叫蝴蝶图分析法或蝴蝶结分析法（Bow-tie Analysis）。

蝴蝶结分析法是一种很容易使用和操作的风险评估方法，它具有高度可视化、允许在管理过程中进行处理的特点。它能够使人们非常详细地识别事故发生的起因和后果，能用图形直观表示出整个事故发生的全过程和相关的定性分析。它能形象地表示引起事故发生的原因；它直观地显示了危害因素→事故→事故后果的全过程，即可以清楚地展现引起事故的各种途径；分析人员利用屏障设置可获得预防事故发生的措施，以加强控制措施或采取改进措施来降低风险或杜绝事故。

2.4.2 蝴蝶图分析法应用

蝴蝶结模型主要分为三个部分：威胁、事故链和后果。在模型的中心是一个“岛”，代表主要的风险事件或事故，而左右两侧的“翅膀”则展开连接着威胁和后果，形成类似蝴蝶结的结构。

① 威胁。威胁是指可能触发蝴蝶结中间事件（事故）的各种潜在原因。它们通常位于蝴蝶结模型的左侧，并通过线条指向中心的事件节点。

② 事故链。事故链是指从威胁到主要事件再到后果之间可能发生的逻辑序列。这个链条揭示了风险如何从一个简单的故障或小错误升级为严重的事故。

③ 后果。后果是由主要事件引发的负面结果，它们可能影响人员安全、环境、资产或业务连续性。后果位于蝴蝶结模型的右侧，同样通过线条与中心事件相连。

蝴蝶结安全分析法的关键在于识别和实施有效的控制措施，以打断事故链，防止事故发生或降低事故造成的损失。这些控制措施分为两类：预防控制：位于威胁和中心事件之间，用来阻止风险发生的措施；减缓控制：位于中心事件和后果之间，用以减轻事件发生后后果严重程度的措施。

使用蝴蝶结法进行安全分析的步骤如下：

① 定义范围和目标。确定分析的边界和焦点，明确要分析的过程或系统。

② 识别威胁。列出所有可能导致不希望事件的因素。

③ 建立事故链。分析威胁如何通过一系列事件导致最终的不良后果。

④ 确定后果。描述每个事故链的终点结果。

⑤ 评估和选择控制措施。确定可以应用的预防性措施或减缓性措施。

⑥ 记录和沟通。详细记录整个分析过程和结果，并与所有利益相关者共享。

⑦ 审查和更新。定期回顾和更新分析，以确保其反映当前的操作环境和风险状况。

目前针对蝴蝶图分析法已研发专门的分析软件，便于分析应用。

2.5　事故树分析法

2.5.1　事故树分析法简介

事故树分析（Fault Tree Analysis，FTA），首先选定某一影响最大的系统事故作为顶事件，然后将造成系统事故的原因逐级分解为中间事件，直至把不能或不需要分解的基本事件作为底事件为止，这样就得到了一张树状逻辑图，称为事故树。

2.5.2　事故树分析法应用

事故树的建立有人工建树和计算机建树两类方法，它们的思路相同，都是首先确定顶事件，建立边界条件，通过逐级分解得到的原始事故树，然后将原始事故树进行简化，得到最终的事故树，供后续的分析计算用。

（1）确定顶事件

在故障诊断中，顶事件本身就是诊断对象的系统级（总体的）故障部件。而在系统的可靠性分析中，顶事件有若干的选择余地，选择得当可以使系统内部许多典型故障（作为中间事件和底事件）合乎逻辑地联系起来，便于分析。所选的顶事件应该满足：

① 要有明确的定义；

② 要能进行分解，使之便于分析顶事件和底事件之间的关系；

③ 要能度量以便于定量分析。

选择顶事件，首先要明确系统正常和故障状态的定义；其次要对系统的故障作初步分析，找出系统组成部分（元件、组件、部件）可能存在的缺陷，并设想可能发生的各种的人的因素，推出这些底事件导致系统故障发生的各种可能途径（因果链），在各种可能的系统故障中选出最不希望发生的事件作为顶事件。对于复杂的系统，顶事件不是唯一的，必要时还可以把大型复杂的系统分解为若干个相关的子系统，以典型中间事件当作故障树的顶事件进行建树分析，最后加以综合，这样可使任务简化并可同时组织多人分工合作参与建树工作。

（2）建立边界条件

建立边界条件的目的是简化建树工作，所谓边界条件是指：

① 不允许出现的事件；

② 不可能发生的事件，实际中常把小概率事件当作不可能事件；

③ 必然事件；

④ 某些事件发生的概率；

⑤ 初始状态。

建立边界条件和建树时应该注意的是：

① 小概率事件不等同于小部件的故障和小故障事件；

② 有的故障发生概率虽小，但一旦发生则后果严重，为安全起见，这种小概率故障就不能忽略；

③ 故障定义必须明确，避免多义性，以免使故障树逻辑混乱；

④ 先抓主要矛盾，开始建树时应先考虑主要的、可能性大的以及关键性的故障事件，然后再逐步细化分解过程中再考虑次要的、不经常发生的以及后果不严重的次要故障事件；

⑤ 强调严密的逻辑性和系统中事件的逻辑关系，条件必须清楚，不可紊乱和自相矛盾。

（3）建树符号

建树符号包括故障事件符号、逻辑门符号和转移符号等，如表 2-3 所示。

表 2-3 建树符号

分类	符号	含义
故障事件符号		顶事件：故障树分析中所关心的结果事件，位于故障树的顶端
		中间事件：位于底事件和顶事件之间的结果事件
		基本事件：在特定的故障树分析中无需探明其发生原因的底事件
		未探明事件：原则上应进一步探明其原因但暂时不必或不能探明其原因的底事件
		条件事件：当此符号中给定的条件满足时，对应的逻辑门才起作用的特殊事件
		开关事件：在正常工作条件下必然发生或必然不发生的特殊事件
逻辑门符号	Z x_1 $x_2 \cdots x_n$	与门：表示全部输入事件 $x_1, x_2, \cdots, x_n$ 都发生才能使输入事件 Z 发生，其逻辑表达式为 $Z = \prod_{i=1}^{n} x_i$
	Z x_1 $x_2 \cdots x_n$	或门：表示输入事件 $x_1, x_2, \cdots, x_n$ 中只要有一个发生就能使输出事件 Z 发生，其逻辑表达式为 $Z = \sum_{i=1}^{n} x_i$
	Z ~ x	非门：表示输出事件是输入事件的对立事件 $Z=\overline{x}$

（4）绘制事故树

以电冰箱火灾爆炸事故为例。由已发生火灾爆炸事故可知，一些科研单位实验室、医院化验室等，使用电冰箱起火爆炸事故时有发生。究其原因，与在电冰箱内存放易燃易爆化学危险品有直接关系。如存放瓶装乙醚，由于乙醚沸点低，需要在低温环境下存放，则误以为放入冰箱冷藏箱内会更安全。由 CAS 化学品查询乙醚的危险指标可知：乙醚为易燃液体，其相对密度（水＝1）为 0.71、沸点为 34.6℃、爆炸极限为 1.7%～49%、最小引爆能量 0.33mJ、自燃点 180～190℃。由于存放瓶装乙醚，瓶盖不严，箱体空间小（最小的冰箱

20L），乙醚泄漏极易形成爆炸混合物。由于冰箱内电器开关、照明灯具及压缩机等不防爆或产生静电火花等，极易引起冰箱爆炸。对此，对电冰箱起火爆炸事故可进行事故树分析。

建立事故树分析模型，分为：顶上事件（T）、中间事件（A_i）、基本原因事件（X_i）及事件之间相应的逻辑门，如与门、或门、条件与门和条件或门等。以电冰箱起火爆炸事故为顶上事件，作出电冰箱起火爆炸事故树分析模型，如图 2-2 所示。

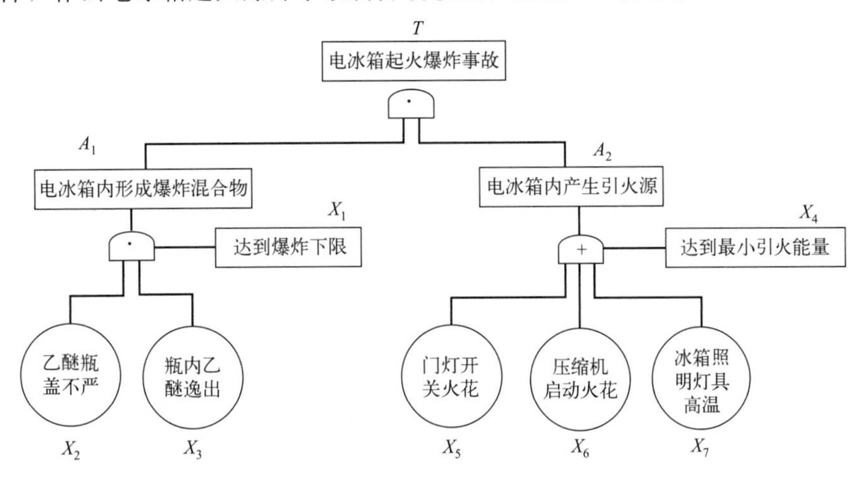

图 2-2　电冰箱起火爆炸事故树分析模型

① 由最小割集方法查找事故发生的多种可能性。

割集也叫做截集或截止集，它是导致顶上事件发生的基本事件的集合。也就是说事故树中一组基本事件的发生，能够造成顶上事件发生，这组基本事件就叫割集。引起顶上事件发生的基本事件的最低限度的集合叫最小割集。

由布尔代数最小割集计算如下：

$$
\begin{aligned}
T &= A_1 \cdot A_2 \\
&= (X_1 \cdot X_2 \cdot X_3) \cdot (X_5 + X_6 + X_7) \cdot X_4 \\
&= X_1 \cdot X_2 \cdot X_3 \cdot X_4 \cdot X_5 + X_1 \cdot X_2 \cdot X_3 \cdot X_4 \cdot X_6 + X_1 \cdot X_2 \cdot X_3 \cdot X_4 \cdot X_7
\end{aligned}
$$

其事故树最小割集分析等效图，如图 2-3 所示。

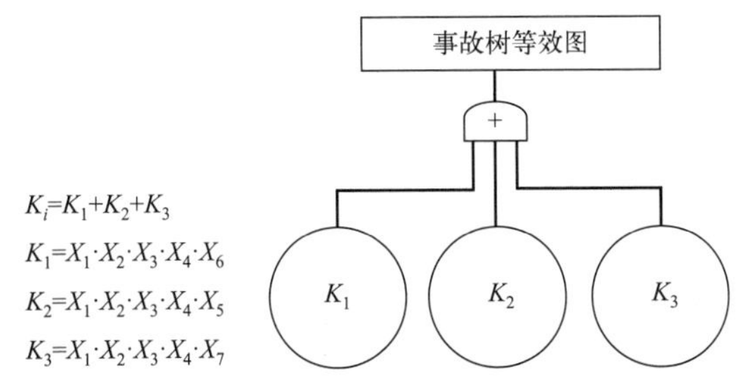

图 2-3　事故树等效图（一）

由此可知，在以上三个最小割集 K_1、K_2、K_3（K_1 为事件 X_1、X_2、X_3、X_4、X_6 的集合，K_2 为事件 X_1、X_2、X_3、X_4、X_5 的集合，K_3 为 X_1、X_2、X_3、X_4、X_7 的集合）中至少有一个发生，顶上事件就会发生。

② 由最小径集方法确定不使事故发生的多种解决方案。

径集也叫通集或导通集，即如果事故树中某些基本事件不发生，顶上事件就不发生。那么，这些基本事件的集合称为径集。不引起顶上事件发生的最低限度的基本事件的集合叫最小径集。

由布尔代数计算可知，即由其对偶性，将事故树转换为成功树（事件发生转换为不发生，“与”门转为“或”门、“或”门转为“与”门等，同时将所有事件的对偶事件用“′”进行标记，例如顶上事件 T 的对偶事件为 T′），然后，再由成功树转为事故树，由布尔代数最小径集计算如下：

$T'=A_1'+A_2'$（作出成功树）

$=X_1'+X_2'+X_3'+(X_5'\cdot X_6'\cdot X_7')+X_4'$

$=X_1'+X_2'+X_3'+X_4'+X_5'\cdot X_6'\cdot X_7'$

$T=X_1\cdot X_2\cdot X_3\cdot X_4\cdot(X_5+X_6+X_7)$（由成功树转为事故树）

其事故树最小径集分析等效图，如图 2-4 所示。

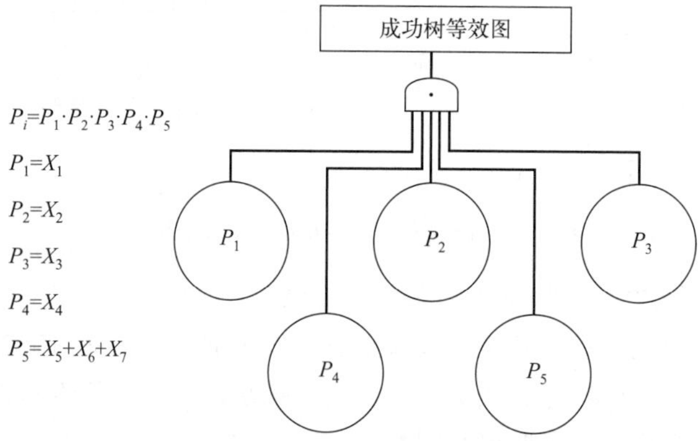

成功树等效图

$P_i=P_1\cdot P_2\cdot P_3\cdot P_4\cdot P_5$

$P_1=X_1$

$P_2=X_2$

$P_3=X_3$

$P_4=X_4$

$P_5=X_5+X_6+X_7$

P_1　P_2　P_3　P_4　P_5

图 2-4　事故树等效图（二）

由此可知，在五个最小径集 P_1、P_2、P_3、P_4、P_5（P_1、P_2、P_3、P_4、P_5 分别代表可以避免顶上事件发生的五个解决方案）中：只要有一个 P_i 不发生，顶上事件就绝不会发生。

③ 由结构重要度分析方法选取最佳的解决方案。

所谓结构重要度分析，就是在不考虑各基本事件的发生概率，或者假定各基本事件的发生概率都相同的情况下，分析各基本事件的发生对顶上事件发生的影响程度。由结构重要度选择确定最佳的解决方案。

其判定基本原则：最小割集中基本事件越少其最小割集结构重要度就越大，对顶上事件影响程度最大。单事件最小割集最大，从单事件最小割集入手，所提出解决方法，最省工、最省力、最经济。其中，P_1、P_2、P_3、P_4 四个方案均为最佳解决方案。防止电冰箱起火爆炸事故最佳解决方案，如表 2-4 所示。

图 2-5　防爆型电冰箱

防爆电冰箱的研制与应用，从根本上解决了科研、医院等单位实验室存放易燃易爆化学危险品，即从本质安全技术措施入手，改变传统的认知，由原来易燃易爆化学危险品严禁存放电冰箱内到允许存放，从而彻底解除了易燃易爆危险物禁止存放电冰箱的禁令和从根本上消除了其事故隐患问题。同时，这种方法也为防爆型电冰箱投入使用奠定了基础。防爆型电冰箱，如图 2-5 所示。

表 2-4　防止电冰箱起火爆炸事故最佳解决方案

序号	事件名称	替代字母	解决方案	最佳方案(解决措施)
1	达到爆炸下限	X_1	P_1	冰箱内设置通风稀释装置
2	乙醚瓶盖不严	X_2	P_2	设计特殊防泄漏瓶盖
3	瓶内乙醚逸出	X_3	P_3	冰箱内安装燃气报警探测器
4	达到最小引爆能量	X_4	P_4	设计研制防爆型电冰箱

注：P_5 方案需要同时满足更换防爆灯、更换防爆压缩机、更换低温灯具等多个前提条件，从实际角度出发，P_5 不是最佳方案。

2.6　事件树分析法

2.6.1　事件树分析法简介

事件树分析（Event Tree Analysis，ETA）起源于决策树分析（DTA），它是一种按事故发展的时间顺序由初始事件开始推论可能的后果，从而进行危险源辨识的方法。一起事故的发生，是许多原因事件相继发生的结果，其中一些事件的发生是以另一些事件首先发生为条件的，而一个事件的出现，又会引起另一些事件的出现。在事件发生的顺序上，存在着因果的逻辑关系。事件树分析法以初始事件为起点，按照事故的发展顺序，分成阶段，一步一步地进行分析，每一事件可能的后续事件只能取完全对立的两种状态（成功或失败，正常或故障，安全或危险等）之一的原则，逐步朝结果方向发展，直到达到系统故障或事故为止。所分析的情况用树枝状图表示，故叫事件树。它既可以定性地了解整个事件的动态变化过程，又可以定量计算出各阶段的概率，最终了解事故发展过程中各种状态的发生概率。

这种方法将系统可能发生的某种事故与导致事故发生的各种原因之间的逻辑关系用一种称为事件树的树形图表示，通过对事件树的定性与定量分析，找出事故发生的主要原因，为确定安全对策提供可靠依据，以达到预测与预防事故发生的目的。在事前，事件树分析法可以预测事故及不安全因素，估计事故的可能后果，寻求最经济的预防手段和方法。事后用事件树分析法分析事故原因，十分方便明确。事件树分析法的分析资料既可作为直观的安全教育资料，又有助于推测类似事故的预防对策。当积累了大量事故资料时，可采用计算机模拟，使事件树分析法对事故的预测更为有效。

2.6.2　事件树分析法应用

（1）确定初始事件

初始事件是事故在未发生时，其发展过程中的危害事件或危险事件，如机器故障、设备损坏、能量外逸或失控、人的误动作等。

（2）绘制事件树

对系统功能的两种可能状态，把发挥功能的状态（又称成功状态）画在上面的分枝，把不能发挥功能的状态（又称失败状态）画在下面的分枝，直到到达系统故障或事故为止。

(3) 简化事件树

在绘制事件树的过程中，可能会遇到一些与初始事件或与事故无关的安全功能，或者其功能关系相互矛盾、不协调的情况，需用工程知识和系统设计的知识予以辨别，然后从树枝中去掉，从而简化事件树。

(4) 找出事故连锁

事件树的各分枝代表初始事件一旦发生，其可能的发展途径。其中，最终导致事故的途径即为事故连锁。导致系统事故的途径有很多，即有许多事故连锁。事故连锁中包含的初始事件和安全功能故障的后续事件之间具有逻辑“与”的关系，很显然，事故连锁越多，系统越危险。

(5) 找出预防事故的途径（措施）

事件树中包含的成功连锁可能有多个，即可以通过若干途径来防止事故发生。很显然，成功连锁越多，系统越安全。

2.7 消防系统隐患分析方法

2.7.1 消防系统隐患分析方法简介

系统隐患分析，是在事件树分析基础上，针对建筑场所可能形成的系统隐患进行分析，所谓系统隐患是指由两个及以上相互关联要素所构成的不安全因素。采用事件树分析法，即按一个事件两种可能，分为上、下两个分支，上分支表示不发生（合规、安全），下分支表示发生（不合规、危险或隐患）。

2.7.2 消防系统隐患分析方法应用

消防系统隐患分析分为：设计安装隐患（投入使用前，由于设计安装不当构成的隐患）、使用维护隐患（投入使用后，由于消防设施使用或维护管理不当构成的隐患）及综合管理隐患（消防安全管理不合规或存在缺陷构成的隐患）。其风险等级，分为：低、中、高风险。1 个下分支为低风险、2 个为中风险，2 个以上为高风险。由此确定隐患整改要求及所承担相应的法律责任及风险。消防系统隐患分析，如表 2-5 所示。

表 2-5 消防系统隐患分析

系统下分支	风险等级		闭环整改	整改要求	系统隐患整改措施
1 个	低风险	1	0 3 1 2	限期整改	分为：预防措施（不使火灾发生的措施，用Ⅰ表示）、限制措施（防止火灾扩大的措施，用Ⅱ表示）、灭火措施（减少火灾财产损失的措施，用Ⅲ表示）、疏散措施（减少火灾人员伤亡的措施，用Ⅳ表示）等。
2 个	中风险	2		立即整改	
2 个以上	高风险	3		停工整改	

消防系统隐患分析应用举例如下：

【例 2-1】 消防控制室系统隐患分析，见图 2-6。

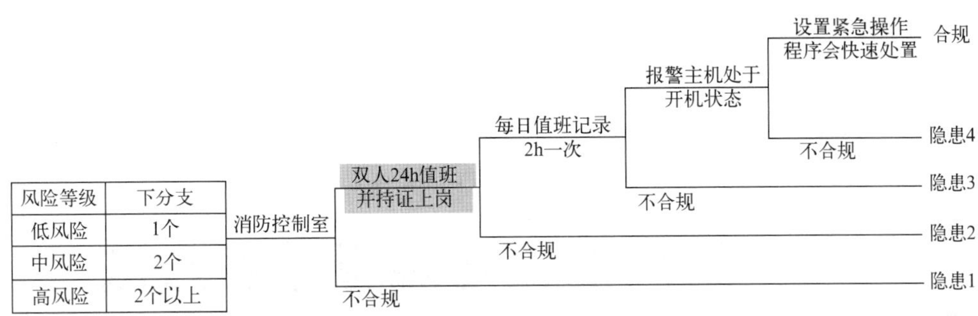

隐患分类	下分支	隐患要素	隐患编号
消防控制室	1	未按规定设置双人值班并持证上岗	GB 525201-5.2(a)-V
	2	未按规定填写每日值班记录或记录不完整	GB 525201-5.2(b)-V
	3	报警主机未开启或未处于正常工作状态	GB 525201-5.2(c)-V
	4	未设置消防员紧急操作程序或不能快速处置	GB 525201-5.3-V

图 2-6　消防控制室系统隐患分析

【例 2-2】消防水泵房系统隐患分析，见图 2-7。

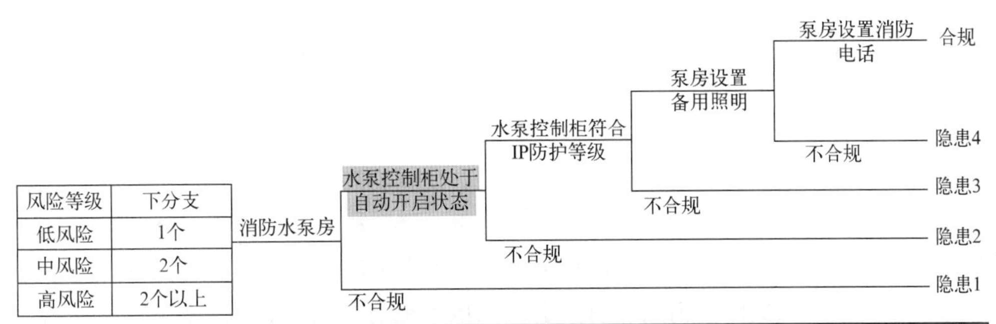

隐患类型	下分支	隐患要素	隐患编号
消防水泵房	1	水泵控制柜开关处于关闭或手动状态	GB 50974-▲11.0.1-Ⅲ
	2	水泵控制柜IP防护等级不符合要求	GB 50974-▲11.0.9-Ⅲ
	3	未设置备用照明或照度低不符合要求	GB 50016-▲10.3.3b-Ⅲ
	4	未设置消防专用电话或不能正常使用	GB 50116-6.7.4(1)a-Ⅲ

图 2-7　消防水泵房系统隐患分析

第3章 防火检查与隐患排查方法

火灾预防的目的就是消除火灾隐患，根据消防监管分为：消防事前监管、消防事中监管和消防事后监管三个阶段。消防事前监管主要是在建筑或场所投入使用前，根据防火设计规范事前审核及验收监管方式，使建筑或场所符合防火设计规范要求；消防事中监管主要是对建筑或场所在使用过程的监管，通常采取消防监督检查、企业消防安全检查等方式监管；消防事后监管主要是针对已发生的火灾事故，采取灭火救援处置、火灾事故调查处理等监管方式。如果说，消防事前监管主要是解决消防措施有没有的问题，那么，消防事中监管主要是解决消防措施好不好的问题。大量的火灾事实证明，消防检查与隐患排查至关重要，如防火设计设有常闭式防火门，使用中没有保持关闭，发生火灾时导致火灾蔓延；防火设计设有消火栓灭火设施，发生火灾时，消火栓内无水或无压不能有效灭火；防火设计设有安全出口，使用时锁闭，发生火灾时，人员不能及时有效逃生等，诸如此类，火灾教训十分惨痛。长期以来，防火检查与隐患排查缺乏相应的依据标准，目前，防火检查与隐患排查均是以防火设计规范为主要依据标准，势必存在防火设计要求与防火检查要求不一致的问题。本章从防火检查概述、防火检查方法和火灾风险隐患排查等方面进行叙述。

3.1 防火检查概述

3.1.1 安全风险概念

“风险”一词的由来，最为普遍的一种说法是，在远古时期，渔民们每次出海前都要祈祷，祈求神灵保佑自己能够平安归来，祈祷内容就是让神灵保佑自己在出海时能够风平浪静、满载而归。他们在长期的捕捞实践中，深深体会到“风”带来的无法预测无法确定的危险，在出海打渔中，“风”即意味着“险”，因此有了“风险”一词。

安全风险是指安全事故（事件）发生的可能性与其后果严重性的组合或二者的乘积。

安全风险管理是通过识别生产经营活动中存在的危险、有害因素，并运用定性或定量的数理与统计分析方法确定其风险严重程度，进而确定风险控制的优先顺序和风险控制措施，以达到改善安全生产环境、减少或杜绝安全生产事故的目标而采取的措施和规定。

安全风险大小取决于发生概率（而不是其后果），发生概率越大，风险越大，反之，则越小。

安全风险对策主要包括规避风险、接受风险、减少风险和转移风险。

3.1.2　隐患有关概念

隐患是潜在的危险（不安全）因素；隐患是导致事故的根源；隐患是最直接的安全风险。

安全隐患是指人的不安全行为、物的不安全状态和管理缺陷。隐患与法律法规的关系如图 3-1 所示。

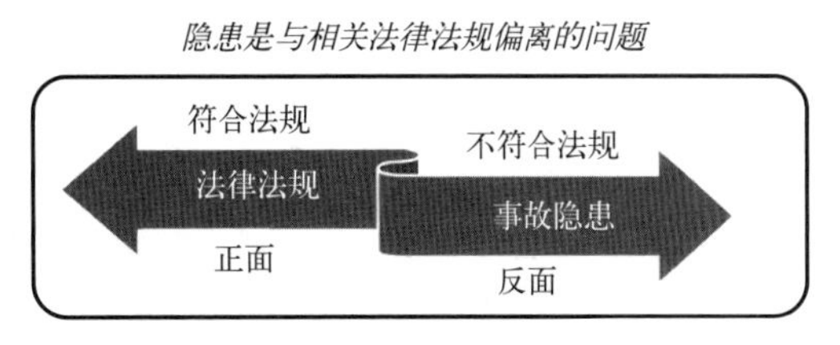

图 3-1　隐患与法律法规的关系

3.1.3　火灾隐患概念

火灾隐患是指可能导致火灾发生或火灾危害增大的各类潜在不安全因素。

火灾隐患按整改状况分为即时火灾隐患和固有火灾隐患。即时火灾隐患是当场能整改的隐患；固有火灾隐患是设计安装缺陷或难以整改的隐患。

火灾隐患按危害后果分为一般火灾隐患和重大火灾隐患。

重大火灾隐患是指违反消防法律法规，可能导致火灾发生或火灾危害增大，并由此可能造成特大火灾事故后果和严重社会影响的各类潜在不安全因素。

3.1.4　火灾隐患排查

防火检查与隐患排查关系，如图 3-2 所示。

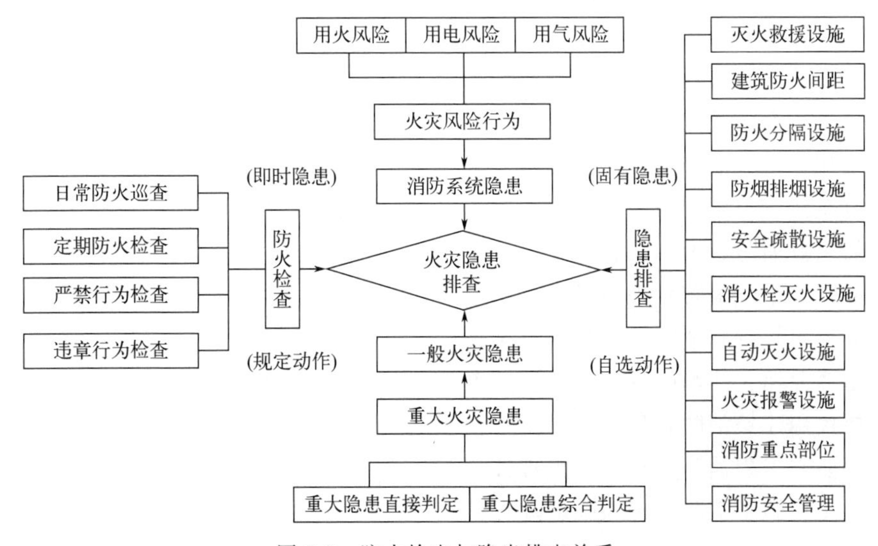

图 3-2　防火检查与隐患排查关系

3.1.5 消防安全措施

消防安全措施，又称火灾隐患整改措施，分为事前预防措施和事后应急措施。事前预防措施即不使火灾事故发生的预防措施及消防行为合规的管理措施。事后应急措施包括：不使火灾扩大的限制措施；减少财产损失的灭火措施；减少人员伤亡的疏散措施。消防安全措施分别为：预防措施（用Ⅰ表示）、限制措施（用Ⅱ表示）、灭火措施（用Ⅲ表示）、疏散措施（用Ⅳ表示）和管理措施（用Ⅴ表示）。消防安全措施，如图 3-3 所示。

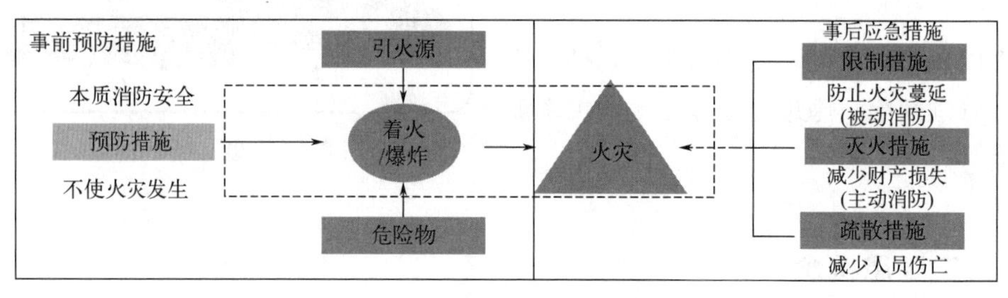

图 3-3 消防安全措施

3.1.6 消防课题提出

消防管理与隐患排查是指以消防管理问题为导向，以现行消防法律法规为依据，以防火检查与隐患排查手段为抓手，采取一隐患一名称、一隐患一编号、一隐患一标准、一隐患一措施，建立消防管理与隐患排查数据库信息化管理系统，实现消防管理与隐患排查纲举目张（可用于企业进行消防管理与隐患排查口袋书）。消防管理与隐患排查系列研究课题如下：

① 人员密集场所消防管理与隐患排查；
② 公众聚集场所消防管理与隐患排查；
③ 公共娱乐场所消防管理与隐患排查；
④ 易燃易爆场所消防管理与隐患排查；
⑤ 重要场所消防管理与隐患排查；
⑥ 仓储场所消防管理与隐患排查；
⑦ 石油化工企业消防管理与隐患排查；
⑧ 发电企业消防管理与隐患排查；
⑨ 供热企业消防管理与隐患排查；
⑩ 物业服务企业消防管理与隐患排查；
⑪ 老年人照料设施消防管理与隐患排查；
⑫ 大型商业综合体消防管理与隐患排查；
⑬ 高层民用建筑消防管理与隐患排查；
⑭ 人民防空工程消防管理与隐患排查；
⑮ 建设工程施工消防管理与隐患排查；
⑯ 经济技术开发区消防管理与隐患排查；

⑰ 文物保护建筑消防管理与隐患排查；
⑱ 旅游饭店及景区消防管理与隐患排查；
⑲ 铁路列车及地铁消防管理与隐患排查；
⑳ 城市交通隧道消防管理与隐患排查等。

3.2 防火检查方法

防火检查是火灾预防最为有效的方法之一，可分为日常防火巡查、定期防火检查、严禁行为防火检查和违章行为防火检查。

3.2.1 日常防火巡查

依据标准：《机关、团体、企业、事业单位消防安全管理规定》（公安部令第61号，2001）。

> 第二十五条　消防安全重点单位应当进行每日防火巡查，并确定巡查的人员、内容、部位和频次。其他单位可以根据需要组织防火巡查。巡查的内容应当包括：
> （一）用火、用电有无违章情况；
> （二）安全出口、疏散通道是否畅通，安全疏散指示标志、应急照明是否完好；
> （三）消防设施、器材和消防安全标志是否在位、完整；
> （四）常闭式防火门是否处于关闭状态，防火卷帘下是否堆放物品影响使用；
> （五）消防安全重点部位的人员在岗情况；
> （六）其他消防安全情况。

防火巡查人员应当及时纠正违章行为，妥善处置火灾危险，无法当场处置的，应当立即报告。发现初起火灾应当立即报警并及时扑救。

防火巡查应当填写巡查记录，巡查人员及其主管人员应当在巡查记录上签名。

3.2.2 定期防火检查

依据标准：《机关、团体、企业、事业单位消防安全管理规定》（公安部令第61号，2001）。

> 第二十六条　机关、团体、事业单位应当至少每季度进行一次防火检查，其他单位应当至少每月进行一次防火检查。检查的内容应当包括（12项）：
> （一）火灾隐患的整改情况以及防范措施的落实情况；
> （二）安全疏散通道、疏散指示标志、应急照明和安全出口情况；
> （三）消防车通道、消防水源情况；
> （四）灭火器材配置及有效情况；

（五）用火、用电有无违章情况；

（六）重点工种人员以及其他员工消防知识的掌握情况；

（七）消防安全重点部位的管理情况；

（八）易燃易爆危险物品和场所防火防爆措施的落实情况以及其他重要物资的防火安全情况；

（九）消防（控制室）值班情况和设施运行、记录情况；

（十）防火巡查情况；

（十一）消防安全标志的设置情况和完好、有效情况；

（十二）其他需要检查的内容。

防火检查应当填写检查记录，检查人员和被检查部门负责人应当在检查记录上签名。

3.2.3 严禁行为防火检查

依据标准：《机关、团体、企业、事业单位消防安全管理规定》（公安部令第61号，2001）。

第二十一条　单位应当保障疏散通道、安全出口畅通，并设置符合国家规定的消防安全疏散指示标志和应急照明设施，保持防火门、防火卷帘、消防安全疏散指示标志、应急照明、机械排烟送风、火灾事故广播等设施处于正常状态。严禁下列行为：

（一）占用疏散通道；

（二）在安全出口或者疏散通道上安装栅栏等影响疏散的障碍物；

（三）在营业、生产、教学、工作等期间将安全出口上锁、遮挡或者将消防安全疏散指示标志遮挡、覆盖；

（四）其他影响安全疏散的行为。

3.2.4 违章行为防火检查

依据标准：《机关、团体、企业、事业单位消防安全管理规定》（公安部令第61号，2001）。

第三十一条　对下列违反消防安全规定的行为，单位应当责成有关人员当场改正并督促落实：

（一）违章进入生产、储存易燃易爆危险物品场所的；

（二）违章使用明火作业或者在具有火灾、爆炸危险的场所吸烟、使用明火等违反禁令的；

（三）将安全出口上锁、遮挡，或者占用、堆放物品影响疏散通道畅通的；

（四）消火栓、灭火器材被遮挡影响使用或者被挪作他用的；

（五）常闭式防火门处于开启状态，防火卷帘下堆放物品影响使用的；

（六）消防设施管理、值班人员和防火巡查人员脱岗的；

（七）违章关闭消防设施、切断消防电源的；
（八）其他可以当场改正的行为。
违反前款规定的情况以及改正情况应当有记录并存档备查。

3.3　火灾隐患排查方法

火灾发生的三要素（“火三角”）是可燃物、助燃剂和引火源。在火灾防治中，如果能够阻断火三角的任何一个要素就可以防止火灾的发生。全国消防救援队伍接处警与火灾情况显示，火灾主要是由用火行为、用电行为、用油用气行为不当造成的。为了提升识别、发现、排查、化解火灾隐患的能力和水平，营造全民参与、群防群治火灾防控氛围，消防部门从火灾成因、日常防火检查等方面入手，在各属地消防救援局规定的基础上，由国家消防救援局正式颁布实施《火灾风险隐患指南（试行）》(2020)，供群众、社会单位参考（共 17 类，120 项）。火灾风险隐患排查，如图 3-4 所示。

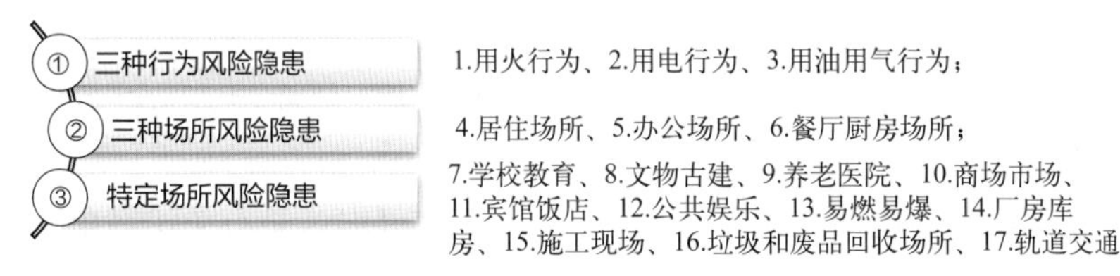

图 3-4　火灾风险隐患排查

3.3.1　火灾风险隐患用火行为

依据标准：国家消防救援局《火灾风险隐患指南（试行）》(2020)。

火灾风险用火行为隐患排查如下：
（1）卧床吸烟、酒后吸烟，随意丢弃烟头。
（2）打火机、火柴等点火器具随意放置，在阳光或高温物体周边长时间暴晒和热辐射，小孩随意拿取点火玩耍。
（3）室内点蜡烛、焚香、烧纸以及农村室外烧荒等使用明火行为。
（4）烧炕取暖、点蚊香驱蚊等行为。
（5）在禁止的区域、场所内燃放烟花爆竹，施放孔明灯。
（6）宾馆、饭店、商场、集贸市场、体育馆以及公共娱乐场所等公共聚集场所营业期间动用明火施工作业。
（7）在没有安全防护的情况下进行切割、焊接、防水施工等动火作业。
（8）明火作业人员超过规定时间和范围动用明火。
（9）明火作业人员无证操作或违反操作规程。

火灾风险隐患用火行为隐患排查应用举例，如表 3-1 所示。

表 3-1 火灾风险隐患用火行为隐患排查应用举例

隐患类型	隐患要素		隐患编号	
火灾风险隐患	卧床吸烟、酒后吸烟，随意丢弃烟头		消防局指南-(2022)-1(1)-V	
依据标准	国家消防救援局《火灾风险隐患指南(试行)》(2020)1.(1)卧床吸烟、酒后吸烟，随意丢弃烟头			
条文说明	据测试，点燃的烟头最高温度 800℃，极易引起周围可燃物发生阴燃			
隐患整改	风险等级	整改类型	整改方式	整改措施
	高风险 ☑	综合管理类 ☑	当场整改 ☑	预防措施 ☑

3.3.2 火灾风险隐患用电行为

依据标准：国家消防救援局《火灾风险隐患指南（试行）》(2020)。

火灾风险用电行为隐患排查如下：

（1）选用和购买非正规厂家生产或没有质量合格认证的插座、充电器、电线、电褥子、电动自行车、电暖气、电炉子等电器产品。

（2）除冰箱等必须通电的电器外，在人员长时间离开时未进行关机断电，使其长时间通电过热或发生故障；手机、充电宝等电子设备长时间充电或边充电、边使用的行为。

（3）超过额定功率、超负荷安装使用电器设备；空调等大功率电器设备未单独供电，电线未独立敷设。

（4）高温灯具、大功率电器等用电设备安装在可燃易燃物上或与可燃物距离过近。

（5）电源插头与电源插座接触不实，固定插座松动；移动式插座老化或者串接、超负荷使用。

（6）拆装、改造电动自行车、三轮车、摩托车等电动车，扩大电容，增加续航里程；在室内为电动车或其蓄电池充电，从室内拉“飞线”充电，将带有蓄电池的电动车停放在建筑内；使用不匹配或质量不合格的充电器为电动车或其蓄电池充电。

（7）配电箱（柜）、弱电井、强电井内强电与弱电线路交织一起，堆放易燃可燃杂物。

（8）电线未做穿管保护直接穿过或敷设在易燃可燃物上以及炉灶、烟囱等高温部位周边；电气线路老化、绝缘层破损出现漏电、短路、过热等情况。

（9）电气线路乱接乱拉，以及使用麻花线、铰接方式连接或将不同型号、规格的电线连接等情况。

（10）自行或聘请不具有专业资质人员维修、改造电气线路、维修保养电器产品。

（11）设有的 UPS 电源及蓄电池等备用电源更换不及时、保养检测不到位，易发生短路等故障。

火灾风险隐患用电行为隐患排查应用举例，如表 3-2 所示。

表3-2　火灾风险隐患用电行为隐患排查应用举例

<table>
<tr><td>隐患类型</td><td colspan="3">隐患要素</td><td>隐患编号</td></tr>
<tr><td>火灾风险隐患</td><td colspan="3">使用非正规厂家生产或没有质量合格认证的电器产品</td><td>消防局指南-(2022)-2(1)-V</td></tr>
<tr><td>依据标准</td><td colspan="4">国家消防救援局《火灾风险隐患指南(试行)》(2020)2.(1)选用和购买非正规厂家生产或没有质量合格认证的插座、充电器、电线、电褥子、电动自行车、电暖气、电炉子等电器产品</td></tr>
<tr><td>条文说明</td><td colspan="4">电气火灾占火灾总数的30%,火灾原因分为:短路、过载、接触电阻过大等</td></tr>
<tr><td rowspan="2">隐患整改</td><td>风险等级</td><td>整改类型</td><td>整改方式</td><td>整改措施</td></tr>
<tr><td>高风险　☑</td><td>综合管理类　☑</td><td>当场整改　☑</td><td>预防措施　☑</td></tr>
</table>

3.3.3　火灾风险隐患用油用气行为

依据标准：国家消防救援局《火灾风险隐患指南（试行)》(2020)。

火灾风险用油用气行为隐患排查如下：

(1) 液化石油气罐存放在住人的房间、办公室和人员稠密的公共场所。

(2) 超量储存液化石油气罐。

(3) 液化石油气罐与其他火源同室布置。

(4) 液化石油气设在地下室、半地下室或通风不良的场所。

(5) 液化石油气罐总重量超过100公斤或钢瓶总数超过30瓶的未设置独立气瓶间。

(6) 气瓶间与厨房有连通的门、窗、洞口。

(7) 气瓶间未设置可燃气体浓度报警装置，未使用防爆型电器设备，开关安装在室内。

(8) 燃气管道明设时，距离热源较近或敷设在灶具正上方。

(9) 擅自更改燃气管道线路。

(10) 燃气管线、连接软管、灶具老化，生锈，超出使用年限，未定期检测维护。

火灾风险隐患用油用气行为隐患排查应用举例，如表3-3所示。

表3-3　火灾风险隐患用油用气行为隐患排查应用举例

<table>
<tr><td>隐患类型</td><td colspan="3">隐患要素</td><td>隐患编号</td></tr>
<tr><td>火灾风险隐患</td><td colspan="3">液化石油气罐存放在住人的房间、办公室和人员稠密的公共场所</td><td>消防局指南-(2022)-3(1)-V</td></tr>
<tr><td>依据标准</td><td colspan="4">国家消防救援局《火灾风险隐患指南（试行)》(2020)3.(1)液化石油气罐存放在住人的房间、办公室和人员稠密的公共场所</td></tr>
<tr><td>条文说明</td><td colspan="4">使用燃气不慎,一旦发生泄漏,就有可能导致燃气爆炸,因此,要远离人员密集场所</td></tr>
<tr><td rowspan="2">隐患整改</td><td>风险等级</td><td>整改类型</td><td>整改方式</td><td>整改措施</td></tr>
<tr><td>高风险　☑</td><td>综合管理类　☑</td><td>当场整改　☑</td><td>预防措施　☑</td></tr>
</table>

第4章 工业建筑场所隐患排查

工业建筑场所消防隐患排查具有重大意义。首先，它是保障人员生命安全的关键举措，能及时发现并消除可能引发火灾的隐患，降低火灾事故发生的风险，让员工在安全的环境中工作，避免人员伤亡悲剧的发生。其次，对于防止重大财产损失至关重要，可避免因火灾导致昂贵的设备、产品以及建筑设施等遭受严重破坏，减少企业的经济损失。再者，它确保了工业生产的持续性，通过有效排查消防隐患，降低火灾发生的可能性，维持生产活动的正常运行，保障企业的经济效益。此外，有助于企业严格遵守消防安全法规，规避法律风险和处罚，塑造良好的企业形象和声誉。消防隐患排查还有利于营造浓厚的消防安全文化氛围，让员工深刻认识到消防安全的重要性，提升整体的消防安全意识和责任感。

4.1 火灾危险性分类

4.1.1 生产火灾危险性分类

依据标准：《建筑设计防火规范》[GB 50016—2014（2018 年版）]。

> 3.1.1 生产的火灾危险性应根据生产中使用或产生的物质性质及其数量等因素划分，可分为甲、乙、丙、丁、戊类，并应符合表 3.1.1 的规定。
>
> 3.1.2 同一座厂房或厂房的任一防火分区内有不同火灾危险性生产时，厂房或防火分区内的生产火灾危险性类别应按火灾危险性较大的部分确定；当生产过程中使用或产生易燃、可燃物的量较少，不足以构成爆炸或火灾危险时，可按实际情况确定；当符合下述条件之一时，可按火灾危险性较小的部分确定：
>
> 1 火灾危险性较大的生产部分占本层或本防火分区建筑面积的比例小于 5%或丁、戊类厂房内的油漆工段小于 10%，且发生火灾事故时不足以蔓延至其他部位或火灾危险性较大的生产部分采取了有效的防火措施；

表 3.1.1　生产的火灾危险性分类

生产的火灾危险性类别	使用或产生下列物质生产的火灾危险性特征
甲	1. 闪点小于 28℃的液体； 2. 爆炸下限小于 10%的气体； 3. 常温下能自行分解或在空气中氧化能导致迅速自燃或爆炸的物质； 4. 常温下受到水或空气中水蒸气的作用，能产生可燃气体并引起燃烧或爆炸的物质； 5. 遇酸、受热、撞击、摩擦、催化以及遇有机物或硫黄等易燃的无机物，极易引起燃烧或爆炸的强氧化剂； 6. 受撞击、摩擦或与氧化剂、有机物接触时能引起燃烧或爆炸的物质； 7. 在密闭设备内操作温度不小于物质本身自燃点的生产
乙	1. 闪点不小于 28℃但小于 60℃的液体； 2. 爆炸下限不小于 10%的气体； 3. 不属于甲类的氧化剂； 4. 不属于甲类的易燃固体； 5. 助燃气体； 6. 能与空气形成爆炸性混合物的浮游状态的粉尘、纤维、闪点不小于 60℃的液体雾滴
丙	1. 闪点不小于 60℃的液体； 2. 可燃固体
丁	1. 对不燃烧物质进行加工，并在高温或熔化状态下经常产生强辐射热、火花或火焰的生产； 2. 利用气体、液体、固体作为燃料或将气体、液体进行燃烧作其他用的各种生产； 3. 常温下使用或加工难燃烧物质的生产
戊	常温下使用或加工不燃烧物质的生产

2　丁、戊类厂房内的油漆工段，当采用封闭喷漆工艺，封闭喷漆空间内保持负压、油漆工段设置可燃气体探测报警系统或自动抑爆系统，且油漆工段占所在防火分区建筑面积的比例不大于 20%。

工业建筑场所隐患排查应用举例，如表 4-1 所示。

表 4-1　工业建筑场所隐患排查应用举例（一）

隐患类型	隐患要素		隐患编号
工业建筑厂房	同一座厂房或厂房的任一防火分区内有不同火灾危险性生产时，厂房或防火分区内的生产火灾危险性分类未按火灾危险性较大的部分确定		GB 50016-(2014)-★3.1.2-Ⅱ
依据标准	《建筑设计防火规范》(GB 50016—2014)★3.1.2 同一座厂房或厂房的任一防火分区内有不同火灾危险性生产时，厂房或防火分区内的生产火灾危险性类别应按火灾危险性较大的部分确定		
条文说明	生产火灾危险类别分为：甲、乙、丙、丁、戊五类		
风险等级	整改类型	整改方式	整改措施
中风险　☑	设计安装　☑	限期整改　☑	限制措施　☑
表注	★严重消防问题		

4.1.2 储存火灾危险性分类

依据标准：《建筑设计防火规范》[GB 50016—2014（2018 年版）]。

3.1.3 储存物品的火灾危险性应根据储存物品的性质和储存物品中的可燃物数量等因素划分，可分为甲、乙、丙、丁、戊类，并应符合表 3.1.3 的规定。

表 3.1.3 储存物品的火灾危险性分类

储存物品的火灾危险性类别	储存物品的火灾危险性特征
甲	1.闪点小于 28℃的液体； 2.爆炸下限小于 10%的气体，受到水或空气中水蒸气的作用能产生爆炸下限小于 10%气体的固体物质； 3.常温下能自行分解或在空气中氧化能导致迅速自燃或爆炸的物质； 4.常温下受到水或空气中水蒸气的作用，能产生可燃气体并引起燃烧或爆炸的物质； 5.遇酸、受热、撞击、摩擦以及遇有机物或硫黄等易燃的无机物，极易引起燃烧或爆炸的强氧化剂； 6.受撞击、摩擦或与氧化剂、有机物接触时能引起燃烧或爆炸的物质
乙	1.闪点不小于 28℃但小于 60℃的液体； 2.爆炸下限不小于 10%的气体； 3.不属于甲类的氧化剂
丙	闪点不小于 60℃的液体
丁	难燃烧物品
戊	不燃烧物品

3.1.4 同一座仓库或仓库的任一防火分区内储存不同火灾危险性物品时，仓库或防火分区的火灾危险性应按火灾危险性最大的物品确定。

3.1.5 丁、戊类储存物品仓库的火灾危险性，当可燃包装重量大于物品本身重量 1/4 或可燃包装体积大于物品本身体积的 1/2 时，应按丙类确定。

工业建筑场所隐患排查应用举例，如表 4-2 所示。

表 4-2 工业建筑场所隐患排查应用举例（二）

隐患类型	隐患要素		隐患编号
工业建筑仓库	丁、戊类储存物品仓库的火灾危险性，当可燃包装重量大于物品本身重量 1/4 或可燃包装体积大于物品本身体积的 1/2 时，未按丙类确定		GB 50016-(2014)-3.1.5-Ⅱ
依据标准	《建筑设计防火规范》(GB 50016—2014)3.1.5 丁、戊类储存物品仓库的火灾危险性，当可燃包装重量大于物品本身重量 1/4 或可燃包装体积大于物品本身体积的 1/2 时，应按丙类确定		
条文说明	储存火灾危险类别分为：甲、乙、丙、丁、戊五类		
风险等级	整改类型	整改方式	整改措施
中风险 ☑	设计安装 ☑	限期整改 ☑	限制措施 ☑
表注	★严重消防问题		

4.2　工业建筑厂房

4.2.1　厂房防火间距

依据标准：《建筑防火通用规范》(GB 55037—2022)。

▲3.1.2　工业与民用建筑应根据建筑使用性质、建筑高度、耐火等级及火灾危险性等合理确定防火间距，建筑之间的防火间距应保证任意一侧建筑外墙受到的相邻建筑火灾辐射热强度均低于其临界引燃辐射热强度。

▲3.1.3　甲、乙类物品运输车的汽车库、修车库、停车场与人员密集场所的防火间距不应小于 50m，与其他民用建筑的防火间距不应小于 25m；甲类物品运输车的汽车库、修车库、停车场与明火或散发火花地点的防火间距不应小于 30m。

▲3.2.1　甲类厂房与人员密集场所的防火间距不应小于 50m，与明火或散发火花地点的防火间距不应小于 30m。

▲3.3.1　除裙房与相邻建筑的防火间距可按单、多层建筑确定外建筑高度大于 100m 的民用建筑与相邻建筑的防火间距应符合下列规定：

1　与高层民用建筑的防火间距不应小于 13m；

2　与一、二级耐火等级单、多层民用建筑的防火间距不应小于 9m；

3　与三级耐火等级单、多层民用建筑的防火间距不应小于 11m；

4　与四级耐火等级单、多层民用建筑和木结构民用建筑的防火间距不应小于 14m。

3.3.2　相邻两座通过连廊、天桥或下部建筑物等连接的建筑，防火间距应按照两座独立建筑确定。

工业建筑场所隐患排查应用举例，如表 4-3 所示。

表 4-3　工业建筑场所隐患排查应用举例（三）

隐患类型	隐患要素		隐患编号
工业建筑厂房	甲类厂房与人员密集场所的防火间距大于 50m，与明火或散发火花地点的防火间距大于 30m		GB 55037-(2022)-▲3.2.1-Ⅱ
依据标准	《建筑防火通用规范》(GB 55037—2022)▲3.2.1 甲类厂房与人员密集场所的防火间距不应小于 50m，与明火或散发火花地点的防火间距不应小于 30m		
条文说明	甲类厂房的火灾危险性大，且以爆炸火灾为主，破坏性大，故将其与重要公共建筑和明火或散发火花地点的防火间距作为强制性要求		
风险等级	整改类型	整改方式	整改措施
高风险 ☑	设计安装 ☑	限期整改 ☑	限制措施 ☑
表注	▲强制性条文，必须严格执行		

4.2.2 厂房防火分区

依据标准：《建筑防火通用规范》(GB 55037—2022)。

▲4.1.2 工业与民用建筑、地铁车站、平时使用的人民防空工程应综合其高度（埋深）、使用功能和火灾危险性等因素，根据有利于消防救援、控制火灾及降低火灾危害的原则划分防火分区。防火分区的划分应符合下列规定：

1 建筑内横向应采用防火墙等划分防火分区，且防火分隔应保证火灾不会蔓延至相邻防火分区；

2 建筑内竖向按自然楼层划分防火分区时，除允许设置敞开楼梯间的建筑外，防火分区的建筑面积应按上、下楼层中在火灾时未封闭的开口所连通区域的建筑面积之和计算；

3 高层建筑主体与裙房之间未采用防火墙和甲级防火门分隔时，裙房的防火分区应按高层建筑主体的相应要求划分；

4 除建筑内游泳池、消防水池等的水面、冰面或雪面面积，射击场的靶道面积，污水沉降池面积，开敞式的外走廊或阳台面积等可不计入防火分区的建筑面积外，其他建筑面积均应计入所在防火分区的建筑面积。

工业建筑场所隐患排查应用举例，如表 4-4 所示。

表 4-4 工业建筑场所隐患排查应用举例（四）

隐患类型	隐患要素		隐患编号
工业建筑厂房	单多层民用建筑、地下建筑等防火分隔不符合规定		GB 55037-(2022)-▲4.1.2-Ⅱ
依据标准	《建筑防火通用规范》(GB 55037—2022)▲4.1.2 工业与民用建筑、地铁车站、平时使用的人民防空工程应综合其高度(埋深)、使用功能和火灾危险性等因素，根据有利于消防救援、控制火灾及降低火灾危害的原则划分防火分区。防火分区的划分应符合下列规定： 1 建筑内横向应采用防火墙等划分防火分区，且防火分隔应保证火灾不会蔓延至相邻防火分区		
条文说明			
风险等级	整改类型	整改方式	整改措施
高风险 ☑	设计安装 ☑	限期整改 ☑	限制措施 ☑
表注	▲强制性条文，必须严格执行		

4.2.3 厂房防爆泄压

依据标准：《建筑防火通用规范》(GB 55037—2022)。

▲2.1.7 建筑中有可燃气体、蒸气、粉尘、纤维爆炸危险性的场所或部位，应采取防止形成爆炸条件的措施；当采用泄压、减压、结构抗爆或防爆措施时，应保证建筑的主要承重结构在燃烧爆炸产生的压强作用下仍能发挥其承载功能。

依据标准：《建筑设计防火规范》[GB 50016—2014（2018 年版）]。

3.6.3 泄压设施宜采用轻质屋面板、轻质墙体和易于泄压的门、窗等，应采用安全玻璃等在爆炸时不产生尖锐碎片的材料。

泄压设施的设置应避开人员密集场所和主要交通道路，并宜靠近有爆炸危险的部位。

作为泄压设施的轻质屋面板和墙体的质量不宜大于 $60kg/m^2$。

屋顶上的泄压设施应采取防冰雪积聚措施。

3.6.4 厂房的泄压面积宜按下式计算，但当厂房的长径比大于 3 时，宜将建筑划分为长径比不大于 3 的多个计算段，各计算段中的公共截面不得作为泄压面积：

$$A=10CV^{2/3} \tag{3.6.4}$$

式中 A——泄压面积，m^2；

V——厂房的容积，m^3；

C——泄压比，可按表 3.6.4 选取，m^2/m^3。

表 3.6.4 厂房内爆炸性危险物质的类别与泄压比规定值

厂房内爆炸性危险物质的类别	$C/(m^2/m^3)$
氨、粮食、纸、皮革、铅、铬、铜等 $K_{尘}<10MPa \cdot m/s$ 的粉尘	≥0.030
木屑、炭屑、煤粉、锑、锡等 $10MPa \cdot m/s \leqslant K_{尘} \leqslant 30MPa \cdot m/s$ 的粉尘	≥0.055
丙酮、汽油、甲醇、液化石油气、甲烷、喷漆间或干燥室，苯酚树脂、铝、镁、锆等 $K_{尘}>30MPa \cdot m/s$ 的粉尘	≥0.110
乙烯	≥0.160
乙炔	≥0.200
氢	≥0.250

注：1. 长径比为建筑平面几何外形尺寸中的最长尺寸与其横截面周长的积和 4.0 倍的建筑横截面积之比；
2. $K_{尘}$ 是指粉尘爆炸指数。

工业建筑场所隐患排查应用举例，如表 4-5 所示。

表 4-5 工业建筑场所隐患排查应用举例（五）

隐患类型	隐患要素		隐患编号
工业建筑厂房	建筑中有可燃气体、蒸气、粉尘、纤维爆炸危险性的场所或部位，未采取防止形成爆炸条件的措施；当采用泄压、减压、结构抗爆或防爆措施时，未保证建筑的主要承重结构在燃烧爆炸产生的压强作用下仍能发挥其承载功能		GB 55037-(2022)-▲2.1.7-Ⅱ
依据标准	《建筑防火通用规范》(GB 55037—2022)▲2.1.7 建筑中有可燃气体、蒸气、粉尘、纤维爆炸危险性的场所或部位，应采取防止形成爆炸条件的措施；当采用泄压、减压、结构抗爆或防爆措施时，应保证建筑的主要承重结构在燃烧爆炸产生的压强作用下仍能发挥其承载功能		
条文说明	一般，等量的同一爆炸介质在密闭的小空间内和在开敞的空间爆炸，爆炸压强差别较大。在密闭的空间内，爆炸破坏力将大很多，因此相对封闭的有爆炸危险性厂房需要考虑设置必要的泄压设施		
风险等级	整改类型	整改方式	整改措施
中风险 ☑	设计安装 ☑	限期整改 ☑	限制措施 ☑
表注	▲强制性条文，必须严格执行		

4.2.4 工业建筑厂房爆炸危险部位门斗

工业建筑场所隐患排查应用举例，如表 4-6 所示。

表 4-6 工业建筑场所隐患排查应用举例（六）

隐患类型	隐患要素		隐患编号
工业建筑厂房	有爆炸危险区域的楼梯间、室外楼梯或有爆炸危险的区域与相邻区域连通处未按规定设置门斗等防护措施		GB 50016-(2014)-3.6.10-Ⅱ
依据标准	《建筑设计防火规范》[GB 50016—2014(2018 年版)]3.6.10 有爆炸危险区域的楼梯间、室外楼梯或有爆炸危险的区域与相邻区域连通处，应设置门斗等防护措施。门斗的隔墙应为耐火极限不应低于 2.00h 的防火隔墙，门应采用甲级防火门并应与楼梯间的门错位设置		
风险等级	整改类型	整改方式	整改措施
中风险 ☑	设计安装 ☑	限期整改 ☑	限制措施 ☑

4.2.5 工业建筑厂房通风排风设施

依据标准：《建筑防火通用规范》(GB 55037—2022)。

▲9.1.2 甲、乙类生产场所的送风设备，不应与排风设备设置在同一通风机房内。用于排除甲、乙类物质的排风设备，不应与其他房间的非防爆送、排风设备设置在同一通风机房内。

▲9.1.3 排除有燃烧或爆炸危险性物质的风管，不应穿过防火墙，或爆炸危险性房间、人员聚集的房间、可燃物较多的房间的隔墙。

工业建筑场所隐患排查应用举例，如表 4-7 所示。

表 4-7 工业建筑场所隐患排查应用举例（七）

隐患类型	隐患要素		隐患编号
工业建筑厂房	甲、乙类生产场所的送风设备，与排风设备设置在同一通风机房内。用于排除甲、乙类物质的排风设备，与其他房间的非防爆送、排风设备设置在同一通风机房内		GB 55037-(2022)-▲9.1.2-Ⅱ
依据标准	《建筑防火通用规范》(GB 55037—2022)▲9.1.2 甲、乙类生产场所的送风设备，不应与排风设备设置在同一通风机房内。用于排除甲、乙类物质的排风设备，不应与其他房间的非防爆送、排风设备设置在同一通风机房内		
条文说明	本条规定主要为防止空气中的可燃气体再被送入甲、乙类厂房内或将可燃气体送到其他生产类别的车间内形成爆炸混合气体而导致爆炸事故		
风险等级	整改类型	整改方式	整改措施
中风险 ☑	设计安装 ☑	限期整改 ☑	限制措施 ☑
表注	▲强制性条文，必须严格执行		

4.2.6 工业建筑厂房设置隔油设施

依据标准：《建筑防火通用规范》（GB 55037—2022）。

> ▲4.2.8　使用和生产甲、乙、丙类液体的场所中，管、沟不应与相邻建筑或场所的管、沟相通，下水道应采取防止含可燃液体的污水流入的措施。

工业建筑场所隐患排查应用举例，如表 4-8 所示。

表 4-8　工业建筑厂所隐患排查应用举例（八）

隐患类型	隐患要素		隐患编号
工业建筑厂房	使用和生产甲、乙、丙类液体的场所中，管、沟与相邻建筑或场所的管、沟相通，下水道未采取防止含可燃液体的污水流入的措施		GB 55037-(2022)-▲4.2.8-Ⅱ
依据标准	《建筑防火通用规范》(GB 55037—2022)▲4.2.8　使用和生产甲、乙、丙类液体的场所中，管、沟不应与相邻建筑或场所的管、沟相通，下水道应采取防止含可燃液体的污水流入的措施		
风险等级	整改类型	整改方式	整改措施
中风险　☑	设计安装　☑	限期整改　☑	限制措施　☑
表注	▲强制性条文，必须严格执行		

4.3 工业建筑仓库

4.3.1 工业建筑仓库防火间距

依据标准：《建筑防火通用规范》（GB 55037—2022）。

> ▲3.2.2　甲类仓库与高层民用建筑和设置人员密集场所的民用建筑的防火间距不应小于 50m，甲类仓库之间的防火间距不应小于 20m。
>
> ▲3.2.3　除乙类第 5 项、第 6 项物品仓库外，乙类仓库与高层民用建筑和设置人员密集场所的其他民用建筑的防火间距不应小于 50m。
>
> ▲3.2.4　飞机库与甲类仓库的防火间距不应小于 20m。飞机库与喷漆机库贴邻建造时，应采用防火墙分隔。

工业建筑场所隐患排查应用举例，如表 4-9 所示。

表 4-9　工业建筑场所隐患排查应用举例（九）

隐患类型	隐患要素		隐患编号
工业建筑仓库	甲类仓库与高层民用建筑和设置人员密集场所的民用建筑的防火间距小于 50m，甲类仓库之间的防火间距小于 20m		GB 55037-(2022)-▲3.2.2-Ⅱ
依据标准	《建筑防火通用规范》(GB 55037—2022)▲3.2.2　甲类仓库与高层民用建筑和设置人员密集场所的民用建筑的防火间距不应小于 50m，甲类仓库之间的防火间距不应小于 20m		
条文说明	甲类仓库火灾危险性大，发生火灾后对周边建筑的影响范围广，有关防火间距要严格控制		
风险等级	整改类型	整改方式	整改措施
高风险　☑	设计安装　☑	限期整改　☑	限制措施　☑
表注	▲强制性条文，必须严格执行		

4.3.2　工业建筑仓库防火分区

依据标准：《建筑防火通用规范》(GB 55037—2022)。

4.1.2　▲工业与民用建筑、地铁车站、平时使用的人民防空工程应综合其高度（埋深）、使用功能和火灾危险性等因素，根据有利于消防救援、控制火灾及降低火灾危害的原则划分防火分区。防火分区的划分应符合下列规定：

1　建筑内横向应采用防火墙等划分防火分区，且防火分隔应保证火灾不会蔓延至相邻防火分区；

2　建筑内竖向按自然楼层划分防火分区时，除允许设置敞开楼梯间的建筑外，防火分区的建筑面积应按上、下楼层中在火灾时未封闭的开口所连通区域的建筑面积之和计算；

3　高层建筑主体与裙房之间未采用防火墙和甲级防火门分隔时，裙房的防火分区应按高层建筑主体的相应要求划分；

4　除建筑内游泳池、消防水池等的水面、冰面或雪面面积，射击场的靶道面积，污水沉降池面积，开敞式的外走廊或阳台面积等可不计入防火分区的建筑面积外，其他建筑面积均应计入所在防火分区的建筑面积。

▲4.2.6　仓库内的防火分区或库房之间应采用防火墙分隔，甲、乙类库房内的防火分区或库房之间应采用无任何开口的防火墙分隔。

▲4.2.1　除特殊工艺要求外，下列场所不应设置在地下或半地下：

1　甲、乙类生产场所；

2　甲、乙类仓库；

3　有粉尘爆炸危险的生产场所、滤尘设备间；

4　邮袋库、丝麻棉毛类物质库。

工业建筑场所隐患排查应用举例，如表 4-10 所示。

表 4-10　工业建筑场所隐患排查应用举例（十）

隐患类型	隐患要素		隐患编号
工业建筑仓库	甲、乙类生产场所（仓库）设置在地下或半地下		GB 55037-(2022)-▲4.2.1-Ⅱ
依据标准	《建筑防火通用规范》(GB 55037—2022)▲4.2.1　除特殊工艺要求外，下列场所不应设置在地下或半地下： 1　甲、乙类生产场所； 2　甲、乙类仓库； 3　有粉尘爆炸危险的生产场所、滤尘设备间； 4　邮袋库、丝麻棉毛类物质库		
条文说明	本条规定的目的在于减少爆炸的危害和便于救援		
风险等级	整改类型	整改方式	整改措施
高风险　☑	设计安装　☑	限期整改　☑	限制措施　☑
表注	▲强制性条文，必须严格执行		

4.3.3　工业建筑防液体流散设施

依据标准：《建筑防火通用规范》(GB 55037—2022)。

▲4.1.6　附设在建筑内的可燃油油浸变压器、充有可燃油的高压电容器和多油开关等的设备用房，除应符合本规范第 4.1.4 条的规定外，尚应符合下列规定：

1　油浸变压器室、多油开关室、高压电容器室均应设置防止油品流散的设施；

▲4.1.5　附设在建筑内的燃油或燃气锅炉房、柴油发电机房，除应符合本规范第 4.1.4 条的规定外，尚应符合下列规定：

2　建筑内单间储油间的燃油储存量不应大于 $1m^3$。油箱的通气管设置应满足防火要求，油箱的下部应设置防止油品流散的设施。储油间应采用耐火极限不低于 3.00h 的防火隔墙与发电机间、锅炉间分隔。

工业建筑场所隐患排查应用举例，如表 4-11 所示。

表 4-11　工业建筑场所隐患排查应用举例（十一）

隐患类型	隐患要素		隐患编号
工业建筑仓库	附设在建筑内的油浸变压器室、多油开关室、高压电容器室未设置防止油品流散的设施		GB 55037-(2022)-▲4.1.6-Ⅱ
依据标准	《建筑防火通用规范》(GB 55037—2022)▲4.1.6　附设在建筑内的可燃油油浸变压器、充有可燃油的高压电容器和多油开关等的设备用房，除应符合本规范第 4.1.4 条的规定外，尚应符合下列规定： 1　油浸变压器室、多油开关室、高压电容器室均应设置防止油品流散的设施		
风险等级	整改类型	整改方式	整改措施
中风险　☑	设计安装　☑	限期整改　☑	限制措施　☑
表注	▲强制性条文，必须严格执行		

第5章 建筑消防设施隐患排查

建筑消防设施是建（构）筑物内设置的火灾自动报警系统、自动喷水灭火系统、消火栓系统等用于防范和扑救建（构）筑物火灾的设备设施的总称。常用的有火灾自动报警系统、自动喷水灭火系统、消火栓系统、气体灭火系统、泡沫灭火系统、干粉灭火系统、防烟排烟系统、安全疏散系统等。它是保证建筑物消防安全和人员疏散安全的重要设施，是现代建筑的重要组成部分。

首先，建筑消防设施隐患排查能够及时发现潜在的火灾隐患，防止火灾事故的发生。通过专业的检查和评估，可以识别出消防设施中的故障、老化或损坏问题，并及时进行维修和更换，确保消防设施在关键时刻能够正常运作，为灭火和救援提供有力支持。其次，隐患排查有助于提升消防安全管理水平。在排查过程中，可以对消防设施的设置、使用、维护等方面进行全面检查，找出管理上的不足和漏洞，提出改进措施和建议。这不仅能够提高消防设施的完好率和可靠性，还能够增强相关单位和人员的消防安全意识，形成人人关心消防、参与消防的良好氛围。

本章从灭火救援设施、建筑防火设施、防烟排烟设施、安全疏散设施、消火栓灭火设施、自动灭火设施、报警联动设施以及灭火器配置等列举建筑消防设施隐患排查实例。

5.1 灭火救援设施

5.1.1 有关术语名词

灭火救援设施为用于火灾扑救无障碍阻挡或辅助灭火救援的设施，主要包括：消防车道、消防救援场地入口、消防电梯、消防水泵接合器、消防水鹤和直升机停机坪等。

消防车道：为满足消防车通行和扑救建筑火灾的需要而设置的车道。道路的净宽度和净空高度应满足消防车安全、快速通行的要求，转弯半径应满足消防车转弯的要求。

救援场地：建筑设计供消防车停靠、消防员登高操作和灭火救援的场地。场地的长度和宽度分别不应小于 15m 和 10m。

救援入口：其大小满足一个消防员背负基本救援装备进入建筑的基本尺寸。进入的窗口的净高度和净宽度均不应小于 1.0m，间距不宜大于 20m 且每个防火分区不应少于 2 个，在室外设置易于识别的明显标志。

消防电梯：具备完善的消防功能，如采用双路电源，能自动投合，确保电梯继续运行；具有紧急控制功能，不再继续接纳乘客，专供消防人员灭火和救援使用等。每个防火分区不应少于 1 台。

消防水泵接合器：室内供水系统发生中断，由室外消防车向水泵接合器继续加压供水，确保室内灭火装置得到充足压力水源。

消防水鹤：城市给水系统消防专用取水设施，由地下部分（主控水阀、排放余水装置、启闭联动机构）和地上部分（引水导流管道和护套、消防水带接口、旋转机构、伸缩机构等）组成，具有可摆动、可伸缩、防冻、启闭快速等特点，多用于消防车快速上水。

直升机停机坪是指供通用直升机、消防直升机等停降的场地，按使用功能分为商务停机坪、消防停机坪、医用停机坪等。

5.1.2　消防车道

依据标准：《建筑防火通用规范》（GB 55037—2022）。

▲3.4.1　工业与民用建筑周围、工厂厂区内、仓库库区内、城市轨道交通的车辆基地内、其他地下工程的地面出入口附近，均应设置可通行消防车并与外部公路或街道连通的道路。

▲3.4.2　下列建筑应至少沿建筑的两条长边设置消防车道：

1　高层厂房，占地面积大于 3000m^2 的单、多层甲、乙、丙类厂房；

2　占地面积大于 1500m^2 的乙、丙类仓库；

3　飞机库。

▲3.4.5　消防车道或兼作消防车道的道路应符合下列规定：

1　道路的净宽度和净空高度应满足消防车安全、快速通行的要求；

2　转弯半径应满足消防车转弯的要求；

3　路面及其下面的建筑结构、管道、管沟等，应满足承受消防车满载时压力的要求；

4　坡度应满足消防车满载时正常通行的要求，且不应大于 10%，兼作消防救援场地的消防车道，坡度尚应满足消防车停靠和消防救援作业的要求；

5　消防车道与建筑外墙的水平距离应满足消防车安全通行的要求，位于建筑消防扑救面一侧兼作消防救援场地的消防车道应满足消防救援作业的要求；

6　长度大于 40m 的尽头式消防车道应设置满足消防车回转要求的场地或道路；

7　消防车道与建筑消防扑救面之间不应有妨碍消防车操作的障碍物，不应有影响消防车安全作业的架空高压电线。

依据标准：《建筑设计防火规范》[GB 50016—2014（2018年版）]。

> 7.1.8　消防车道应符合下列要求：
> 4　消防车道靠建筑外墙一侧的边缘距离建筑外墙不宜小于5m；
> 5　消防车道的坡度不宜大于8%。
> 7.1.9　环形消防车道至少应有两处与其他车道连通。尽头式消防车道应设置回车道或回车场，回车场的面积不应小于12m×12m；对于高层建筑，不宜小于15m×15m；供重型消防车使用时，不宜小于18m×18m。
> 消防车道的路面、救援操作场地、消防车道和救援操作场地下面的管道和暗沟等，应能承受重型消防车的压力。
> 消防车道可利用城乡、厂区道路等，但该道路应满足消防车通行、转弯和停靠的要求。

灭火救援设施隐患排查应用举例，如表5-1～表5-3所示。

表5-1　灭火救援设施隐患排查应用举例（一）

隐患类型	隐患要素		隐患编号
灭火救援设施	工业与民用建筑周围、工厂厂区内、仓库库区内、城市轨道交通的车辆基地内、其他地下工程的地面出入口附近，未设置可通行消防车并与外部公路或街道连通的道路		GB 55037-(2022)-▲3.4.1-Ⅲ
依据标准	《建筑防火通用规范》(GB 55037—2022)▲3.4.1　工业与民用建筑周围、工厂厂区内、仓库库区内、城市轨道交通的车辆基地内、其他地下工程的地面出入口附近，均应设置可通行消防车并与外部公路或街道连通的道路		
条文说明	消防车道是指供消防车通行的道路		
风险等级	整改类型	整改方式	整改措施
中风险 ☑	使用维护 ☑	限期整改 ☑	灭火措施 ☑
表注	▲强制性条文，必须严格执行		

表5-2　灭火救援设施隐患排查应用举例（二）

隐患类型	隐患要素	隐患编号
灭火救援设施	消防车道的净宽度和净空高度不符合规定	GB 55037-(2022)-▲3.4.5(1)-Ⅲ
依据标准	《建筑防火通用规范》(GB 55037—2022)3.4.5　消防车道或兼作消防车道的道路应符合下列规定： 1.道路的净宽度和净空高度应满足消防车安全、快速通行的要求； 2.转弯半径应满足消防车转弯的要求； 3.路面及其下面的建筑结构、管道、管沟等，应满足承受消防车满载时压力的要求； 4.坡度应满足消防车满载时正常通行的要求，且不应大于10%，兼作消防救援场地的消防车道，坡度尚应满足消防车停靠和消防救援作业的要求； 5.消防车道与建筑外墙的水平距离应满足消防车安全通行的要求，位于建筑消防扑救面一侧兼作消防救援场地的消防车道应满足消防救援作业的要求； 6.长度大于40m的尽头式消防车道应设置满足消防车回转要求的场地或道路； 7.消防车道与建筑消防扑救面之间不应有妨碍消防车操作的障碍物，不应有影响消防车安全作业的架空高压电线	

续表

条文说明	消防车道规定空间内不得设置任何障碍设施和占用		
风险等级	整改类型	整改方式	整改措施
中风险　☑	使用维护　☑	限期整改　☑	灭火措施　☑
表注	▲强制性条文，必须严格执行		

表 5-3　灭火救援设施隐患排查应用举例（三）

隐患类型	隐患要素		隐患编号
灭火救援设施	未按规定设置环形消防车道及回车场或设置不符合规定		GB 50016-(2014)-7.1.9-Ⅲ
依据标准	《建筑设计防火规范》[GB 50016—2014(2018 年版)]7.1.9　环形消防车道至少应有两处与其他车道连通。尽头式消防车道应设置回车道或回车场，回车场的面积不应小于 12m×12m；对于高层建筑，不宜小于 15m×15m；供重型消防车使用时，不宜小于 18m×18m		
条文说明	环形消防车道通常是指环绕在被保护建筑周围的消防车道		
风险等级	整改类型	整改方式	整改措施
中风险　☑	使用维护　☑	限期整改　☑	灭火措施　☑

5.1.3　救援场地和入口

依据标准：《建筑防火通用规范》（GB 55037—2022）。

> 2.2.2▲　在建筑与消防车登高操作场地相对应的范围内，应设置直通室外的楼梯或直通楼梯间的入口。
>
> 3.4.7▲　消防车登高操作场地应符合下列规定：
>
> 1　场地与建筑之间不应有进深大于 4m 的裙房及其他妨碍消防车操作的障碍物或影响消防车作业的架空高压电线；
>
> 2　场地及其下面的建筑结构、管道、管沟等应满足承受消防车满载时压力的要求；
>
> 3　场地的坡度应满足消防车安全停靠和消防救援作业的要求。
>
> 2.2.3▲　除有特殊要求的建筑和甲类厂房可不设置消防救援口外，在建筑的外墙上应设置便于消防救援人员出入的消防救援口，并应符合下列规定：
>
> 1　沿外墙的每个防火分区在对应消防救援操作面范围内设置的消防救援口不应少于 2 个；
>
> 2　无外窗的建筑应每层设置消防救援口，有外窗的建筑应自第三层起每层设置消防救援口；
>
> 3　消防救援口的净高度和净宽度均不应小于 1.0m，当利用门时，净宽度不应小于 0.8m；
>
> 4　消防救援口应易于从室内和室外打开或破拆，采用玻璃窗时，应选用安全玻璃；
>
> 5　消防救援口应设置可在室内和室外识别的永久性明显标志。

灭火救援设施隐患排查应用举例，如表5-4、表5-5所示。

表5-4 灭火救援设施隐患排查应用举例（四）

隐患类型	隐患要素		隐患编号
灭火救援设施	未设置消防车登高操作场地或设置不符合规定		GB 55037-(2022)-▲3.4.7-Ⅲ
依据标准	《建筑防火通用规范》(GB 55037—2022)3.4.7▲ 消防车登高操作场地应符合下列规定： 1 场地与建筑之间不应有进深大于4m的裙房及其他妨碍消防车操作的障碍物或影响消防车作业的架空高压电线； 2 场地及其下面的建筑结构、管道、管沟等应满足承受消防车满载时压力的要求； 3 场地的坡度应满足消防车安全停靠和消防救援作业的要求		
条文说明	消防车登高操作场地是保证火灾时，使消防车辆最短时间内停靠的无障碍场地。尤其是，商业用途的建筑周围不得设置大型金属广告牌		
风险等级	整改类型	整改方式	整改措施
中风险 ☑	使用维护 ☑	限期整改 ☑	灭火措施 ☑
表注	▲强制性条文，必须严格执行		

表5-5 灭火救援设施隐患排查应用举例（五）

隐患类型	隐患要素		隐患编号
灭火救援设施	除有特殊要求的建筑和甲类厂房外，在建筑的外墙上未设置便于消防救援人员出入的消防救援口的		GB 55037-(2022)-▲2.2.3-Ⅲ
依据标准	《建筑防火通用规范》(GB 55037—2022)2.2.3▲ 除有特殊要求的建筑和甲类厂房可不设置消防救援口外，在建筑的外墙上应设置便于消防救援人员出入的消防救援口，并应符合下列规定： 1 沿外墙的每个防火分区在对应消防救援操作面范围内设置的消防救援口不应少于2个； 2 无外窗的建筑应每层设置消防救援口，有外窗的建筑应自第三层起每层设置消防救援口		
风险等级	整改类型	整改方式	整改措施
中风险 ☑	使用维护 ☑	限期整改 ☑	灭火措施 ☑
表注	▲强制性条文，必须严格执行		

5.1.4 消防电梯

依据标准：《建筑防火通用规范》(GB 55037—2022)。

▲2.2.6 除城市综合管廊、交通隧道和室内无车道且无人员停留的机械式汽车库可不设置消防电梯外，下列建筑均应设置消防电梯，且每个防火分区可供使用的消防电梯不应少于1部：

1.建筑高度大于33m的住宅建筑；

2.5层及以上且建筑面积大于3000m^2（包括设置在其他建筑内第五层及以上楼层）的老年人照料设施；

3.一类高层公共建筑，建筑高度大于32m的二类高层公共建筑；

4. 建筑高度大于 32m 的丙类高层厂房；

5. 建筑高度大于 32m 的封闭或半封闭汽车库；

6. 除轨道交通工程外，埋深大于 10m 且总建筑面积大于 3000m^2 的地下或半地下建筑（室）。

▲2.2.10　消防电梯应符合下列规定：

1. 应能在所服务区域每层停靠；

2. 电梯的载重量不应小于 800kg；

3. 电梯的动力和控制线缆与控制面板的连接处、控制面板的外壳防水性能等级不应低于 IPX5；

4. 在消防电梯的首层入口处，应设置明显的标识和供消防救援人员专用的操作按钮；

5. 电梯轿厢内部装修材料的燃烧性能应为 A 级；

6. 电梯轿厢内部应设置专用消防对讲电话和视频监控系统的终端设备。

灭火救援设施隐患排查应用举例，如表 5-6 所示。

表 5-6　灭火救援设施隐患排查应用举例（六）（表 6-16）

隐患类型	隐患要素		隐患编号
灭火救援设施	建筑未按规定设置消防电梯		GB 55037-(2022)-▲2.2.6-Ⅲ
依据标准	《建筑防火通用规范》(GB 55037—2022)2.2.6　▲除城市综合管廊、交通隧道和室内无车道且无人员停留的机械式汽车库可不设置消防电梯外，下列建筑均应设置消防电梯，且每个防火分区可供使用的消防电梯不应少于 1 部： 1　建筑高度大于 33m 的住宅建筑； 2　5 层及以上且建筑面积大于 3000m^2(包括设置在其他建筑内第五层及以上楼层)的老年人照料设施； 3　一类高层公共建筑，建筑高度大于 32m 的二类高层公共建筑； 4　建筑高度大于 32m 的丙类高层厂房； 5　建筑高度大于 32m 的封闭或半封闭汽车库； 6　除轨道交通工程外，埋深大于 10m 且总建筑面积大于 3000m^2 的地下或半地下建筑(室)		
条文说明	消防电梯应分别设置在不同防火分区内，且每个防火分区不应少于 1 台		
风险等级	整改类型	整改方式	整改措施
中风险　☑	使用维护　☑	限期整改　☑	灭火措施　☑
表注	▲强制性条文，必须严格执行		

5.1.5　消防水泵接合器

《建筑防火通用规范》(GB 55037—2022)。

▲8.1.12　下列建筑应设置与室内消火栓等水灭火系统供水管网直接连接的消防水泵接合器，且消防水泵接合器应位于室外便于消防车向室内消防给水管网安全供水的位置：

1　设置自动喷水、水喷雾、泡沫或固定消防炮灭火系统的建筑；

2　6 层及以上并设置室内消火栓系统的民用建筑；

3　5 层及以上并设置室内消火栓系统的厂房；

4　5 层及以上并设置室内消火栓系统的仓库；

5　室内消火栓设计流量大于 10L/s 且平时使用的人民防空工程；

6　地铁工程中设置室内消火栓系统的建筑或场所；

7　设置室内消火栓系统的交通隧道；

8　设置室内消火栓系统的地下、半地下汽车库和 5 层及以上的汽车库；

9　设置室内消火栓系统，建筑面积大于 10000m^2 或 3 层及以上的其他地下、半地下建筑（室）。

▲12.0.1　市政消火栓、室外消火栓、消防水泵接合器等室外消防设施周围应设置防止机动车辆撞击的设施。消火栓、消防水泵接合器两侧沿道路方向各 5m 范围内禁止停放机动车，并应在明显位置设置警示标志。

灭火救援设施隐患排查应用举例，如表 5-7、表 5-8 所示。

表 5-7　灭火救援设施隐患排查应用举例（七）（表 6-19）

隐患类型	隐患要素		隐患编号
灭火救援设施	未按规定设置消防水泵接合器		GB 55037-(2022)-▲8.1.12-Ⅲ
依据标准	《建筑防火通用规范》(GB 55037—2022)8.1.12▲　下列建筑应设置与室内消火栓等水灭火系统供水管网直接连接的消防水泵接合器，且消防水泵接合器应位于室外便于消防车向室内消防给水管网安全供水的位置： 1　设置自动喷水、水喷雾、泡沫或固定消防炮灭火系统的建筑； 2　6 层及以上并设置室内消火栓系统的民用建筑		
条文说明	消防水泵接合器是消防车向室内消防管道供水的装置，又称为第三类消防水源		
风险等级	整改类型	整改方式	整改措施
中风险 ☑	使用维护 ☑	限期整改 ☑	灭火措施 ☑
表注	▲强制性条文，必须严格执行		

表 5-8　灭火救援设施隐患排查应用举例（八）

隐患类型	隐患要素		隐患编号
灭火救援设施	消防水泵接合器未设置防止机动车辆撞击的设施		GB 55037-(2022)-▲12.0.1-Ⅲ
依据标准	《建筑防火通用规范》(GB 55037—2022)12.0.1　▲市政消火栓、室外消火栓、消防水泵接合器等室外消防设施周围应设置防止机动车辆撞击的设施。消火栓、消防水泵接合器两侧沿道路方向各 5m 范围内禁止停放机动车，并应在明显位置设置警示标志		
条文说明	消防水泵接合器分为消火栓、喷淋、水炮、其他灭火设施等		
风险等级	整改类型	整改方式	整改措施
中风险 ☑	使用维护 ☑	限期整改 ☑	灭火措施 ☑
表注	▲强制性条文，必须严格执行		

5.1.6　消防水鹤

依据标准：《消防给水及消火栓系统技术规范》(GB 50974—2014)。

> 7.2.9　严寒地区在城市主要干道上设置消防水鹤的布置间距宜为 1000m，连接消防水鹤的市政给水管的管径不宜小于 DN200。
>
> 7.2.10　火灾时消防水鹤的出水流量不宜低于 30L/s，且供水压力从地面算起不应小于 0.10MPa。

灭火救援设施隐患排查应用举例，如表 5-9 所示。

表 5-9　灭火救援设施隐患排查应用举例（九）

隐患类型	隐患要素		隐患编号
灭火救援设施	严寒地区城市主要干道未按规定设置消防水鹤		GB 50974-(2014)-7.2.9-Ⅲ
依据标准	《消防给水及消火栓系统技术规范》(GB 50974—2014)7.2.9　严寒地区在城市主要干道上设置消防水鹤的布置间距宜为 1000m,连接消防水鹤的市政给水管的管径不宜小于 DN200		
条文说明	消防水鹤是一种快速向消防水罐车注水装置。火灾时消防水鹤的出流量不宜低于 30L/s,且供水压力从地面算起不应小于 0.10MPa		
风险等级	整改类型	整改方式	整改措施
中风险　☑	使用维护　☑	限期整改　☑	灭火措施　☑

5.1.7　直升机停机坪

依据标准：《建筑设计防火规范》[GB 50016—2014（2018 年版)]。

> 7.4.1　建筑高度大于 100m 且标准层建筑面积大于 2000m² 的公共建筑，宜在屋顶设置直升机停机坪或供直升机救助的设施。
>
> 7.4.2　直升机停机坪应符合下列规定：
>
> 1　设置在屋顶平台上时，距离设备机房、电梯机房、水箱间、共用天线等突出物不应小于 5m；
>
> 2　建筑通向停机坪的出口不应少于 2 个，每个出口的宽度不宜小于 0.90m；
>
> 3　四周应设置航空障碍灯，并应设置应急照明；
>
> 4　在停机坪的适当位置应设置消火栓；
>
> 5　其他要求应符合国家现行航空管理有关标准的规定。

灭火救援设施隐患排查应用举例，如表 5-10 所示。

表 5-10　灭火救援设施隐患排查应用举例（十）（表 6-22）

隐患类型	隐患要素		隐患编号
灭火救援设施	直升机停机坪设置不符合规定		GB 50016-(2014)-7.4.2-Ⅲ
依据标准	《建筑设计防火规范》[GB 50016—2014(2018 年版)]7.4.2　直升机停机坪应符合下列规定： 1.设置在屋顶平台上时，距离设备机房、电梯机房、水箱间、共用天线等突出物不应小于 5m； 2.建筑通向停机坪的出口不应少于 2 个，每个出口的宽度不宜小于 0.90m； 3.四周应设置航空障碍灯，并应设置应急照明； 4.在停机坪的适当位置应设置消火栓； 5.其他要求应符合国家现行航空管理有关标准的规定		
条文说明	高层建筑直升机停机坪空中救援飞行器停放的设施		
风险等级	整改类型	整改方式	整改措施
中风险　☑	使用维护　☑	限期整改　☑	灭火措施　☑

5.2　建筑防火设施

5.2.1　有关术语名词

建筑防火分隔设施，是用于建筑发生火灾时，在一定时间内防止火灾扩大蔓延的设施，分为水平防火分隔设施和竖向防火分隔设施。主要包括：防火墙，防火分隔墙，防火楼板，防火门（窗），防火卷帘，通风、空调防火阀等。

① 防火墙。防火墙是由不燃材料制成，直接设置在建筑物基础上或钢筋混凝土框架上，具有耐火性的墙（采用 24 砖墙）。防火墙的耐火极限分为：4.0h（甲乙丙丁类建筑）、3.0h（民用建筑）。

② 防火隔墙。建筑内防止火灾蔓延至相邻区域且耐火极限不低于规定要求的不燃性墙体。

③ 防火楼板。建筑内部上、下层之间分隔物，如甲、乙、丙类耐火极限为 1.5h，丁、戊类耐火极限为 1h。

④ 防火门（窗）。在一定的时间内，能耐火、隔热的门。这种门通常用在防火分隔墙、楼梯间、管道井等部位，阻止火势蔓延和烟气扩散。防火门按其所用的材料可分为钢质防火门、木质防火门和复合材料防火门，按耐火极限可分为甲级防火门（1.5h）、乙级防火门（1.0h）、丙级防火门（0.5h）。

⑤ 防火卷帘。在一定时间内耐火极限 3.0h。通常用在设防火墙有困难的自动扶梯、中庭等开口部位，起隔火、隔热作用。

⑥ 通风、空调防火阀。防火阀安装在通风、空调系统的送风、回风管道上，平时处于开启状态，火灾时，当管道内气体温度达到 70℃时关闭，在一定时间内能满足耐火要求，起隔烟阻火作用。

5.2.2　防火分隔设施

5.2.2.1　防火墙与隔墙

依据标准：《建筑防火通用规范》（GB 55037—2022）。

▲6.1.1　防火墙应直接设置在建筑的基础或具有相应耐火性能的框架、梁等承重结构上，并应从楼地面基层隔断至结构梁、楼板或屋面板的底面。防火墙与建筑外墙、屋顶相交处，防火墙上的门、窗等开口，应采取防止火灾蔓延至防火墙另一侧的措施。

▲6.1.2　防火墙任一侧的建筑结构或构件以及物体受火作用发生破坏或倒塌并作用到防火墙时，防火墙应仍能阻止火灾蔓延至防火墙的另一侧。

▲6.1.3　防火墙的耐火极限不应低于 3.00h。甲、乙类厂房和甲、乙、丙类仓库内的防火墙，耐火极限不应低于 4.00h。

防火分隔设施隐患排查应用举例，如表 5-11 所示。

表 5-11　防火分隔设施隐患排查应用举例（一）

隐患类型	隐患要素		隐患编号
防火分隔设施	防火墙设置不符合规定		GB 55037-(2022)-▲6.1.1-Ⅱ
依据标准	《建筑防火通用规范》(GB 55037—2022)▲6.1.1　防火墙应直接设置在建筑的基础或具有相应耐火性能的框架、梁等承重结构上，并应从楼地面基层隔断至结构梁、楼板或屋面板的底面。防火墙与建筑外墙、屋顶相交处，防火墙上的门、窗等开口，应采取防止火灾蔓延至防火墙另一侧的措施		
风险等级	整改类型	整改方式	整改措施
中风险　☑	使用维护　☑	限期整改　☑	限制措施　☑
表注	▲强制性条文，必须严格执行		

5.2.2.2　防火门（窗）

依据标准：《建筑设计防火规范》[GB 50016—2014（2018 年版）]。

6.5.1　防火门的设置应符合下列规定：

1　设置在建筑内经常有人通行处的防火门宜采用常开防火门。常开防火门应能在火灾时自行关闭，并应具有信号反馈的功能。

2　除允许设置常开防火门的位置外，其他位置的防火门均应采用常闭防火门。常闭防火门应在其明显位置设置“保持防火门关闭”等提示标识。

3　除管井检修门和住宅的户门外，防火门应具有自行关闭功能。双扇防火门应具有按顺序自行关闭的功能。

> 4 除本规范第6.4.11条第4款的规定外，防火门应能在其内外两侧手动开启。
>
> 5 设置在建筑变形缝附近时，防火门应设置在楼层较多的一侧，并应保证防火门开启时门扇不跨越变形缝。
>
> 6 防火门关闭后应具有防烟性能。
>
> 7 甲、乙、丙级防火门应符合现行国家标准《防火门》（GB 12955）的规定。

防火分隔设施隐患排查应用举例，如表5-12所示。

表5-12 防火分隔设施隐患排查应用举例（二）

<table>
<tr><td>隐患类型</td><td colspan="2">隐患要素</td><td>隐患编号</td></tr>
<tr><td>防火分隔设施</td><td colspan="2">常闭式防火门未按规定设置“保持防火门关闭”等提示标识</td><td>GB 50016-(2014)-6.5.1(2)-Ⅱ</td></tr>
<tr><td>依据标准</td><td colspan="3">《建筑设计防火规范》[GB 50016—2014(2018年版)]6.5.1 防火门的设置应符合下列规定：
2 除允许设置常开防火门的位置外，其他位置的防火门均应采用常闭防火门。常闭防火门应在其明显位置设置“保持防火门关闭”等提示标识</td></tr>
<tr><td>条文说明</td><td colspan="3">防火门分为常开和常闭，按耐火极限分为甲级(1.5h)、乙级(1h)、丙级(0.5h)</td></tr>
<tr><td>风险等级</td><td>整改类型</td><td>整改方式</td><td>整改措施</td></tr>
<tr><td>中风险 ☑</td><td>使用维护 ☑</td><td>限期整改 ☑</td><td>限制措施 ☑</td></tr>
</table>

5.2.2.3 防火卷帘

依据标准：《建筑设计防火规范》[GB 50016—2014（2018年版）]。

> 6.5.3 防火分隔部位设置防火卷帘时，应符合下列规定：
>
> 1 除中庭外，当防火分隔部位的宽度不大于30m时，防火卷帘的宽度不应大于10m；当防火分隔部位的宽度大于30m时，防火卷帘的宽度不应大于该部位宽度的1/3，且不应大于20m。
>
> 2 防火卷帘应具有火灾时靠自重自动关闭功能。
>
> 3 除本规范另有规定外，防火卷帘的耐火极限不应低于本规范对所设置部位墙体的耐火极限要求。
>
> 当防火卷帘的耐火极限符合现行国家标准《门和卷帘的耐火试验方法》（GB/T 7633）有关耐火完整性和耐火隔热性的判定条件时，可不设置自动喷水灭火系统保护。
>
> 当防火卷帘的耐火极限仅符合现行国家标准《门和卷帘的耐火试验方法》（GB/T 7633）有关耐火完整性的判定条件时，应设置自动喷水灭火系统保护。自动喷水灭火系统的设计应符合现行国家标准《自动喷水灭火系统设计规范》（GB 50084）的规定，但火灾延续时间不应小于该防火卷帘的耐火极限。
>
> 4 防火卷帘应具有防烟性能，与楼板、梁、墙、柱之间的空隙应采用防火封堵材料封堵。
>
> 5 需在火灾时自动降落的防火卷帘，应具有信号反馈的功能。
>
> 6 其他要求，应符合现行国家标准《防火卷帘》GB 14102的规定。

防火分隔设施隐患排查应用举例，如表 5-13 所示。

表 5-13　防火分隔设施隐患排查应用举例（三）

隐患类型	隐患要素		隐患编号
防火分隔设施	防火卷帘与楼板、梁、墙、柱之间的空隙未采用防火封堵材料封堵		GB 50016-(2014)-6.5.3(4)-Ⅱ
依据标准	《建筑设计防火规范》[GB 50016—2014(2018 年版)]6.5.3　防火分隔部位设置防火卷帘时，应符合下列规定： 4　防火卷帘应具有防烟性能，与楼板、梁、墙、柱之间的空隙应采用防火封堵材料封堵		
条文说明	防火卷帘耐火极限不低于 3h，按材料分为：非燃金属、阻燃木质、不燃无纺布等		
风险等级	整改类型	整改方式	整改措施
中风险　☑	使用维护　☑	限期整改　☑	限制措施　☑

5.2.2.4　通风、空调防火阀

依据标准：《建筑防火通用规范》(GB 55037—2022)。

> ▲6.3.5　通风和空气调节系统的管道、防烟与排烟系统的管道穿过防火墙、防火隔墙、楼板、建筑变形缝处，建筑内未按防火分区独立设置的通风和空气调节系统中的竖向风管与每层水平风管交接的水平管段处，均应采取防止火灾通过管道蔓延至其他防火分隔区域的措施。

防火分隔设施隐患排查应用举例，如表 5-14 所示。

表 5-14　防火分隔设施隐患排查应用举例（四）

隐患类型	隐患要素		隐患编号
防火分隔设施	通风、空气调节系统的风管未采取防止火灾通过管道蔓延至其他防火分隔区域的措施		GB 55037-(2022)-▲6.3.5-Ⅱ
依据标准	《建筑防火通用规范》(GB 55037—2022)▲6.3.5　通风和空气调节系统的管道、防烟与排烟系统的管道穿过防火墙、防火隔墙、楼板、建筑变形缝处，建筑内未按防火分区独立设置的通风和空气调节系统中的竖向风管与每层水平风管交接的水平管段处，均应采取防止火灾通过管道蔓延至其他防火分隔区域的措施		
条文说明	防火水阀可分为：排烟阀、排烟防火阀、防水调节阀、防烟防水调节阀等		
风险等级	整改类型	整改方式	整改措施
中风险　☑	使用维护　☑	限期整改　☑	限制措施　☑
表注	▲强制性条文，必须严格执行		

5.2.2.5　竖井孔洞防火封堵

依据标准：《建筑防火通用规范》(GB 55037—2022)。

> ▲6.3.1　电梯井应独立设置，电梯井内不应敷设或穿过可燃气体或甲、乙、丙类液体管道及与电梯运行无关的电线或电缆等。电梯层门的耐火完整性不应低于 2.00h。

▲6.3.2 电气竖井、管道井、排烟或通风道、垃圾井等竖井应分别独立设置，井壁的耐火极限均不应低于1.00h。

▲6.3.3 除通风管道井、送风管道井、排烟管道井、必须通风的燃气管道竖井及其他有特殊要求的竖井可不在层间的楼板处分隔外，其他竖井应在每层楼板处采取防火分隔措施，且防火分隔组件的耐火性能不应低于楼板的耐火性能。

▲6.3.4 电气线路和各类管道穿过防火墙、防火隔墙、竖井井壁、建筑变形缝处和楼板处的孔隙应采取防火封堵措施。防火封堵组件的耐火性能不应低于防火分隔部位的耐火性能要求。

依据标准：《建筑设计防火规范》[GB 50016—2014（2018年版）]。

6.2.9 建筑内的电梯井等竖井应符合下列规定：

4 建筑内的垃圾道宜靠外墙设置，垃圾道的排气口应直接开向室外，垃圾斗应采用不燃材料制作，并应能自行关闭；

5 电梯层门的耐火极限不应低于1.00h，并应符合现行国家标准《电梯层门耐火试验完整性、隔热性和热通量测定法》（GB/T 27903）规定的完整性和隔热性要求。

防火分隔设施隐患排查应用举例，如表5-15所示。

表5-15 防火分隔设施隐患排查应用举例（五）

隐患类型	隐患要素		隐患编号
防火分隔设施	建筑内的电气线路和各类管道等防火封堵不符合规定		GB 55037-(2022)-▲6.3.4-Ⅱ
依据标准	《建筑防火通用规范》(GB 55037—2022)▲6.3.4 电气线路和各类管道穿过防火墙、防火隔墙、竖井井壁、建筑变形缝处和楼板处的孔隙应采取防火封堵措施。防火封堵组件的耐火性能不应低于防火分隔部位的耐火性能要求		
条文说明	防火封堵材料是一种具有防火、防烟功能，用于密封或填塞建筑物、构筑物以及各类设施中的贯穿孔洞、环形缝隙及建筑缝隙，便于更换且符合有关性能要求的材料		
风险等级	整改类型	整改方式	整改措施
中风险 ☑	使用维护 ☑	限期整改 ☑	限制措施 ☑
表注	▲强制性条文，必须严格执行		

5.2.3 建筑内部装修防火

依据标准：《建筑内部装修设计防火规范》（GB 50222—2017）。

3.0.2 装修材料按其燃烧性能应划分为四级，并应符合本规范表3.0.2的规定。

表 3.0.2　装修材料燃烧性能等级

等级	装修材料燃烧性能
A	不燃性
B_1	难燃性
B_2	可燃性
B_3	易燃性

依据标准：《建筑防火通用规范》（GB 55037—2022）。

▲6.5.3　下列部位的顶棚、墙面和地面内部装修材料的燃烧性能均应为 A 级：

1　避难走道、避难层、避难间；

2　疏散楼梯间及其前室；

3　消防电梯前室或合用前室。

▲6.5.7　除有特殊要求的场所外，下列生产场所和仓库的顶棚、墙面、地面和隔断内部装修材料的燃烧性能均应为 A 级：

1　有明火或高温作业的生产场所；

2　甲、乙类生产场所；

3　甲、乙类仓库；

4　丙类高架仓库、丙类高层仓库；

5　地下或半地下丙类仓库。

建筑内部装修隐患排查应用举例，如表 5-16 所示。

表 5-16　建筑内部装修隐患排查应用举例（一）

隐患类型	隐患要素		隐患编号
建筑内部装修	地下或半地下丙类仓库等部位未按规定采用 A 级装修材料		GB 55037-(2022)-▲6.5.7-Ⅱ
依据标准	《建筑防火通用规范》(GB 55037—2022)▲6.5.7　除有特殊要求的场所外，下列生产场所和仓库的顶棚、墙面、地面和隔断内部装修材料的燃烧性能均应为 A 级： 1　有明火或高温作业的生产场所； 2　甲、乙类生产场所； 3　甲、乙类仓库； 4　丙类高架仓库、丙类高层仓库； 5　地下或半地下丙类仓库		
条文说明	建筑各层的水平疏散通道和安全出口门厅是火灾中人员逃生的主要通道，因而对装修材料的燃烧性能等级要求高；基于地下民用建筑的火灾特点及疏散走道部位在火灾疏散时的重要性，燃烧性能等级要求还要高		
风险等级	整改类型	整改方式	整改措施
中风险　☑	使用维护　☑	限期整改　☑	限制措施　☑
表注	▲强制性条文，必须严格执行		

5.2.4 建筑外墙保温防火

依据标准：《建筑防火通用规范》（GB 55037—2022）。

▲6.6.2 建筑的外围护结构采用保温材料与两侧不燃性结构构成无空腔复合保温结构体时，该复合保温结构体的耐火极限不应低于所在外围护结构的耐火性能要求。当保温材料的燃烧性能为 B_1 级或 B_2 级时，保温材料两侧不燃性结构的厚度均不应小于 50mm。

▲6.6.4 除本规范第 6.6.2 条规定的情况外，下列老年人照料设施的内、外保温系统和屋面保温系统均应采用燃烧性能为 A 级的保温材料或制品：

1 独立建造的老年人照料设施；

2 与其他功能的建筑组合建造且老年人照料设施部分的总建筑面积大于 $500m^2$ 的老年人照料设施。

▲6.6.5 除本规范第 6.6.2 条规定的情况外，下列建筑或场所的外墙外保温材料的燃烧性能应为 A 级：

1 人员密集场所；

2 设置人员密集场所的建筑。

▲6.6.6 除本规范第 6.6.2 条规定的情况外，住宅建筑采用与基层墙体、装饰层之间无空腔的外墙外保温系统时，保温材料或制品的燃烧性能应符合下列规定：

1 建筑高度大于 100m 时，应为 A 级；

2 建筑高度大于 27m、不大于 100m 时，不应低于 B 级。

▲6.6.7 除本规范第 6.6.3 条～第 6.6.6 条规定的建筑外，其他建筑采用与基层墙体、装饰层之间无空腔的外墙外保温系统时，保温材料或制品的燃烧性能应符合下列规定：

1 建筑高度大于 50m 时，应为 A 级；

2 建筑高度大于 24m、不大于 50m 时，不应低于 B_1 级。

▲6.6.8 除本规范第 6.6.3 条～第 6.6.5 条规定的建筑外，其他建筑采用与基层墙体、装饰层之间有空腔的外墙外保温系统时，保温系统应符合下列规定：

1 建筑高度大于 24m 时，保温材料或制品的燃烧性能应为 A 级；

2 建筑高度不大于 24m 时，保温材料或制品的燃烧性能不应低于 B_1 级；

3 外墙外保温系统与基层墙体、装饰层之间的空腔，应在每层楼板处采取防火分隔与封堵措施。

▲6.6.9 下列场所或部位内保温系统中保温材料或制品的燃烧性能应为 A 级：

1 人员密集场所；

2 使用明火、燃油、燃气等有火灾危险的场所；

3 疏散楼梯间及其前室；

4 避难走道、避难层、避难间；

> 5　消防电梯前室或合用前室。
>
> ▲6.6.10　除本规范第 6.6.3 条和第 6.6.9 条规定的场所或部位外，其他场所或部位内保温系统中保温材料或制品的燃烧性能均不应低于 B_1 级。当采用 B_1 级燃烧性能的保温材料时，保温系统的外表面应采取使用不燃材料设置防护层等防火措施。

建筑内部装修防火隐患排查应用举例，如表 5-17 所示。

表 5-17　建筑内部装修防火隐患排查应用举例（二）

隐患类型	隐患要素		隐患编号
建筑外墙保温	建筑外墙采用内保温系统不符合规定		GB 55037-(2022)-▲6.6.9-Ⅱ
依据标准	《建筑防火通用规范》(GB 55037—2022)▲6.6.9　下列场所或部位内保温系统中保温材料或制品的燃烧性能应为 A 级： 1　人员密集场所； 2　使用明火、燃油、燃气等有火灾危险的场所； 3　疏散楼梯间及其前室； 4　避难走道、避难层、避难间； 5　消防电梯前室或合用前室		
风险等级	整改类型	整改方式	整改措施
中风险　☑	使用维护　☑	限期整改　☑	限制措施　☑
表注	▲强制性条文，必须严格执行		

5.3　防烟排烟设施

5.3.1　有关术语名词

防烟排烟系统是防烟系统和排烟系统的总称。其中，防烟系统采用机械加压送风方式或自然通风方式，防止烟气进入疏散通道、楼梯间等系统；排烟系统采用机械排烟方式或自然通风方式，将烟气排至建筑物外主要包括：防烟系统、排烟系统、挡烟垂壁、排烟防火阀等。

防烟系统：通过采用自然通风方式，防止火灾烟气在楼梯间、前室、避难层（间）等空间内积聚，或通过采用机械加压送风方式阻止火灾烟气侵入楼梯间、前室、避难层（间）等空间的系统。防烟系统分为自然通风系统和机械加压送风系统。

排烟系统：采用自然排烟或机械排烟的方式，将房间、走道等空间的火灾烟气排至建筑物外的系统，分为自然排烟系统和机械排烟系统。

挡烟垂壁：用不燃材料制成，垂直安装在建筑顶棚、梁或吊顶下，能在火灾时形成一定蓄烟空间的挡烟分隔设施。

排烟防火阀：安装在机械排烟系统的管道上，平时呈开启状态，火灾时当排烟管道内烟气温度达到 280℃时关闭，并在一定时间内能满足漏烟量和耐火完整性要求，起隔烟阻火作用的阀门，一般由阀体、叶片、执行机构和温感器等部件组成。

排烟口：机械排烟系统中烟气的入口。

正压送风口：机械防烟系统中空气送出口。

依据标准：《建筑防烟排烟系统技术标准》(GB 51251—2017)，《建筑设计防火规范》[GB 50016—2014 (2018 年版)] 8.5 防烟和排烟设施和《建筑防火通用规范》8.2 防烟与排烟等有关规定。

5.3.2 防烟设施设置

依据标准：《建筑防火通用规范》(GB 55037—2022)。

▲8.2.1 下列部位应采取防烟措施：

1 封闭楼梯间；

2 防烟楼梯间及其前室；

3 消防电梯的前室或合用前室；

4 避难层、避难间；

5 避难走道的前室，地铁工程中的避难走道。

防烟排烟设施隐患排查应用举例，如表 5-18 所示。

表 5-18 防烟排烟设施隐患排查应用举例 (一)

隐患类型	隐患要素		隐患编号
防烟排烟设施	封闭楼梯间未设置防烟措施		GB 55037-(2022)-▲8.2.1(1)-Ⅱ
依据标准	《建筑防火通用规范》(GB 55037—2022)▲8.2.1 下列部位应采取防烟措施： 1 封闭楼梯间		
条文说明	使用风速测试仪测试		
风险等级	整改类型	整改方式	整改措施
中风险 ☑	使用维护 ☑	限期整改 ☑	限制措施 ☑
表注	▲强制性条文，必须严格执行		

5.3.3 排烟设施设置

依据标准：《建筑防火通用规范》(GB 55037—2022)。

▲8.2.2 除不适合设置排烟设施的场所、火灾发展缓慢的场所可不设置排烟设施外，工业与民用建筑的下列场所或部位应采取排烟等烟气控制措施：

1 建筑面积大于 300m^2，且经常有人停留或可燃物较多的地上丙类生产场所，丙类厂房内建筑面积大于 300m^2，且经常有人停留或可燃物较多的地上房间；

2 建筑面积大于 100m^2 的地下或半地下丙类生产场所；

3　除高温生产工艺的丁类厂房外，其他建筑面积大于 5000m^2 的地上丁类生产场所；

4　建筑面积大于 1000m^2 的地下或半地下丁类生产场所；

5　建筑面积大于 300m^2 的地上丙类库房；

6　设置在地下或半地下、地上第四层及以上楼层的歌舞娱乐放映游艺场所，设置在其他楼层且房间总建筑面积大于 100m^2 的歌舞娱乐放映游艺场所；

7　公共建筑内建筑面积大于 100m^2 且经常有人停留的房间；

8　公共建筑内建筑面积大于 300m^2 且可燃物较多的房间；

9　中庭；

10　建筑高度大于 32m 的厂房或仓库内长度大于 20m 的疏散走道，其他厂房或仓库内长度大于 40m 的疏散走道，民用建筑内长度大于 20m 的疏散走道。

▲8.2.5　建筑中下列经常有人停留或可燃物较多且无可开启外窗的房间或区域应设置排烟设施：

1　建筑面积大于 50m^2 的房间；

2　房间的建筑面积不大于 50m^2，总建筑面积大于 200m^2 的区域。

5.3.4　加压送风口设置

依据标准：《建筑防烟排烟系统技术标准》（GB 51251—2017）。

3.3.6　加压送风口的设置应符合下列规定：

1　除直灌式加压送风方式外，楼梯间宜每隔 2 层-3 层设一个常开式百叶送风口；

2　前室应每层设一个常闭式加压送风口，并应设手动开启装置；

3　送风口的风速不宜大于 7m/s；

4　送风口不宜设置在被门挡住的部位。

防烟排烟设施隐患排查应用举例，如表 5-19 所示。

表 5-19　防烟排烟设施隐患排查应用举例（二）

隐患类型	隐患要素		隐患编号
防烟排烟设施	加压送风口的设置风速不符合规定		GB 51251-(2017)-3.3.6(3)-Ⅱ
依据标准	《建筑防烟排烟系统技术标准》(GB 51251—2017)3.3.6　加压送风口的设置应符合下列规定： 3　送风口的风速不宜大于 7m/s		
条文说明	使用风速测试仪测试		
风险等级	整改类型	整改方式	整改措施
中风险 ☑	使用维护 ☑	限期整改 ☑	限制措施 ☑

5.3.5 排烟口设置

依据标准：《建筑防烟排烟系统技术标准》(GB 51251—2017)。

4.4.12 排烟口的设置应按本标准第4.6.3条经计算确定，且防烟分区内任一点与最近的排烟口之间的水平距离不应大于30m。除本标准第4.4.13条规定的情况以外，排烟口的设置尚应符合下列规定：

1 排烟口宜设置在顶棚或靠近顶棚的墙面上。

2 排烟口应设在储烟仓内，但走道、室内空间净高不大于3m的区域，其排烟口可设置在其净空高度的1/2以上；当设置在侧墙时，吊顶与其最近边缘的距离不应大于0.5m。

3 对于需要设置机械排烟系统的房间，当其建筑面积小于50m^{2}时，可通过走道排烟，排烟口可设置在疏散走道；排烟量应按本标准第4.6.3条第3款计算。

4 火灾时由火灾自动报警系统联动开启排烟区域的排烟阀或排烟口，应在现场设置手动开启装置。

5 排烟口的设置宜使烟流方向与人员疏散方向相反，排烟口与附近安全出口相邻边缘之间的水平距离不应小于1.5m。

6 每个排烟口的排烟量不应大于最大允许排烟量，最大允许排烟量应按本标准第4.6.14条的规定计算确定。

7 排烟口的风速不宜大于10m/s。

防烟排烟设施隐患排查应用举例，如表5-20所示。

表5-20 防烟排烟设施隐患排查应用举例（三）

隐患类型	隐患要素		隐患编号
防烟排烟设施	排烟口的风速不符合规定		GB 51251-(2017)-4.4.12(7)-Ⅱ
依据标准	《建筑防烟排烟系统技术标准》(GB 51251—2017)4.4.12 排烟口的设置应按本标准第4.6.3条经计算确定，且防烟分区内任一点与最近的排烟口之间的水平距离不应大于30m。除本标准第4.4.13条规定的情况以外，排烟口的设置尚应符合下列规定： 7 排烟口的风速不宜大于10m/s		
条文说明	使用风速测试仪测试		
风险等级	整改类型	整改方式	整改措施
中风险 ☑	使用维护 ☑	限期整改 ☑	限制措施 ☑

5.3.6 机械补风口设置

防烟排烟设施隐患排查应用举例，如表5-21所示。

表 5-21　防烟排烟设施隐患排查应用举例（四）

隐患类型	隐患要素		隐患编号
防烟排烟设施	机械补风口的风速不符合规定		GB 51251-(2017)-4.5.6-Ⅱ
依据标准	《建筑防烟排烟系统技术标准》(GB 51251—2017)4.5.6　机械补风口的风速不宜大于 10m/s，人员密集场所补风口的风速不宜大于 5m/s；自然补风口的风速不宜大于 3m/s		
条文说明	使用风速测试仪测试		
风险等级	整改类型	整改方式	整改措施
中风险 ☑	使用维护 ☑	限期整改 ☑	限制措施 ☑

5.3.7　防排烟防火阀

防烟排烟设施隐患排查应用举例，如表 5-22 所示。

表 5-22　防烟排烟设施隐患排查应用举例（五）

隐患类型	隐患要素		隐患编号
防烟排烟设施	排烟风机与风机入口处排烟防火阀未联锁设置		GB 51251-(2017)-4.4.6-Ⅱ
依据标准	《建筑防烟排烟系统技术标准》(GB 51251—2017)4.4.6　排烟风机应满足 280℃时连续工作 30min 的要求，排烟风机应与风机入口处的排烟防火阀联锁，当该阀关闭时，排烟风机应能停止运转		
风险等级	整改类型	整改方式	整改措施
中风险 ☑	使用维护 ☑	限期整改 ☑	限制措施 ☑

5.3.8　送风机风口与排风机风口设置

依据标准：《建筑防烟排烟系统技术标准》(GB 51251—2017)。

3.3.5　机械加压送风风机宜采用轴流风机或中、低压离心风机，其设置应符合下列规定：

1　送风机的进风口应直通室外，且应采取防止烟气被吸入的措施。

2　送风机的进风口宜设在机械加压送风系统的下部。

3　送风机的进风口不应与排烟风机的出风口设在同一面上。当确有困难时，送风机的进风口与排烟风机的出风口应分开布置，且竖向布置时，送风机的进风口应设置在排烟出口的下方，其两者边缘最小垂直距离不应小于 6.0m；水平布置时，两者边缘最小水平距离不应小于 20.0m。

4　送风机宜设置在系统的下部，且应采取保证各层送风量均匀性的措施。

5　送风机应设置在专用机房内，送风机房应符合现行国家标准《建筑设计防火规范》(GB 50016) 的规定。

6　当送风机出风管或进风管上安装单向风阀或电动风阀时，应采取火灾时自动开启阀门的措施。

防烟排烟设施隐患排查应用举例，如表 5-23 所示。

表 5-23　防烟排烟设施隐患排查应用举例（六）

隐患类型	隐患要素		隐患编号
防烟排烟设施	送风机的进风口与排烟风机的出风口设置距离不符合规定		GB 51251-(2017)-3.3.5(3)-Ⅱ
依据标准	《建筑防烟排烟系统技术标准》(GB 51251—2017)3.3.5　机械加压送风风机宜采用轴流风机或中、低压离心风机，其设置应符合下列规定： 3　送风机的进风口不应与排烟风机的出风口设在同一面上。当确有困难时，送风机的进风口与排烟风机的出风口应分开布置，且竖向布置时，送风机的进风口应设置在排烟出口的下方，其两者边缘最小垂直距离不应小于 6.0m；水平布置时，两者边缘最小水平距离不应小于 20.0m		
条文说明	机械加压送风机分为：轴流风机、离心风机等		
风险等级	整改类型	整改方式	整改措施
中风险　☑	使用维护　☑	限期整改　☑	限制措施　☑

5.3.9　防烟排烟设施标识

防烟排烟设施隐患排查应用举例，如表 5-24 所示。

表 5-24　防烟排烟设施隐患排查应用举例（七）

隐患类型	隐患要素		隐患编号
防烟排烟设施	防烟、排烟系统未按规定设置明显标识		GB 51251-(2017)-6.1.5-Ⅱ
依据标准	《建筑防烟排烟系统技术标准》(GB 51251—2017)6.1.5　防烟、排烟系统中的送风口、排风口、排烟防火阀、送风风机、排烟风机、固定窗等应设置明显永久标识		
条文说明	设置防烟排烟标识，便于识别消防设施位置和与其他设备区别		
风险等级	整改类型	整改方式	整改措施
中风险　☑	使用维护　☑	限期整改　☑	限制措施　☑

5.4　安全疏散设施

5.4.1　有关术语名词

安全疏散设施是指用于疏散逃生的设施，主要包括：疏散走道、疏散楼梯（敞开式、封闭式、防烟式和室外楼梯）、疏散出口、避难间及辅助疏散设施（应急照明、疏散指示标志、消防广播、火灾声光警报器）等。

安全出口：供人员安全疏散用的楼梯间和室外楼梯的出入口或直通室内外安全区域的出口。

封闭楼梯间：在楼梯间入口处设置门，以防止火灾的烟和热气进入楼梯间。

防烟楼梯间：在楼梯间入口处设置防烟的前室、开敞式阳台或凹廊（统称前室）等设施，且通向前室和楼梯间的门均为防火门，以防止火灾的烟和热气进入楼梯间。

避难走道：采取防烟措施且两侧设置耐火极限不低于 3.00h 的防火隔墙，用于人员安全通行至室外的走道。

应急照明：因正常照明的电源失效而启用的照明称为应急照明，分为：疏散照明、备用照明、安全照明三种。转换时间根据实际工程及有关规范规定确定。当建筑物发生火灾或其他灾害，电源中断时，应急照明对人员疏散、消防救援，重要的生产、工作的继续运行或必要的操作处置，都有重要的作用。

消防广播系统是火灾逃生疏散和灭火指挥的重要设备，在整个消防控制管理系统中起着极其重要的作用。在火灾发生时，应急广播信号通过音源设备发出，经过功率放大后，由广播切换模块切换到广播指定区域的音箱实现应急广播。一般的广播系统主要由主机端设备，如音源设备、广播功率放大器、火灾报警控制器（联动型）等，以及现场设备，如输出模块、音箱（喇叭）构成。

火灾声光警报器是一种安装在现场的声光报警设备，当现场发生火灾并确认后，火灾声光警报器可由消防控制中心的火灾报警控制器启动，发出强烈的声光报警信号，以达到提醒现场人员疏散逃生目的。

5.4.2　厂房安全疏散设施

依据标准：《建筑设计防火规范》[GB 50016—2014（2018 年版）]。

> 3.7.1　厂房的安全出口应分散布置。每个防火分区或一个防火分区的每个楼层，其相邻 2 个安全出口最近边缘之间的水平距离不应小于 5m。

依据标准：《建筑防火通用规范》（GB 55037—2022）。

> ▲7.2.1　厂房中符合下列条件的每个防火分区或一个防火分区的每个楼层，安全出口不应少于 2 个：
>
> 1　甲类地上生产场所，一个防火分区或楼层的建筑面积大于 100m^2 或同一时间的使用人数大于 5 人；
>
> 2　乙类地上生产场所，一个防火分区或楼层的建筑面积大于 150m^2 或同一时间的使用人数大于 10 人；
>
> 3　丙类地上生产场所，一个防火分区或楼层的建筑面积大于 250m^2 或同一时间的使用人数大于 20 人；
>
> 4　丁、戊类地上生产场所，一个防火分区或楼层的建筑面积大于 400m^2 或同一时间的使用人数大于 30 人；
>
> 5　丙类地下或半地下生产场所，一个防火分区或楼层的建筑面积大于 50m^2 或同一时间的使用人数大于 15 人；
>
> 6　丁、戊类地下或半地下生产场所，一个防火分区或楼层的建筑面积大于 200m^2 或同一时间的使用人数大于 15 人。

▲7.2.2　高层厂房和甲、乙、丙类多层厂房的疏散楼梯应为封闭楼梯间或室外楼梯。建筑高度大于32m且任一层使用人数大于10人的厂房，疏散楼梯应为防烟楼梯间或室外楼梯。

安全疏散设施隐患排查应用举例，如表5-25所示。

表5-25　安全疏散设施隐患排查应用举例（一）

隐患类型	隐患要素		隐患编号
安全疏散设施	厂房内相邻2个安全出口水平距离不符合规定		GB 50016-(2014)-3.7.1-Ⅳ
依据标准	《建筑设计防火规范》[GB 50016—2014(2018年版)]3.7.1　厂房的安全出口应分散布置。每个防火分区或一个防火分区的每个楼层,其相邻2个安全出口最近边缘之间的水平距离不应小于5m		
条文说明	相邻2个安全出口之间水平距离不足5m应按一个出口		
风险等级	整改类型	整改方式	整改措施
中风险　☑	设计安装　☑	限期整改　☑	疏散措施　☑

5.4.3　仓库安全疏散设施

依据标准：《建筑设计防火规范》[GB 50016—2014（2018年版）]。

3.8.1　仓库的安全出口应分散布置。每个防火分区或一个防火分区的每个楼层，其相邻2个安全出口最近边缘之间的水平距离不应小于5m。

《建筑防火通用规范》(GB 55037—2022)。

▲7.2.3　占地面积大于300m^{2}的地上仓库，安全出口不应少于2个；建筑面积大于100m^{2}的地下或半地下仓库，安全出口不应少于2个。仓库内每个建筑面积大于100m^{2}的房间的疏散出口不应少于2个。

▲7.2.4　高层仓库的疏散楼梯应为封闭楼梯间或室外楼梯。

5.4.4　公共安全疏散设施

5.4.4.1　一般设置要求

依据标准：《建筑设计防火规范》[GB 50016—2014（2018年版）]。

5.5.2　建筑内的安全出口和疏散门应分散布置，且建筑内每个防火分区或一个防火分区的每个楼层、每个住宅单元每层相邻两个安全出口以及每个房间相邻两个疏散门最近边缘之间的水平距离不应小于5m。

5.5.3　建筑的楼梯间宜通至屋面，通向屋面的门或窗应向外开启。

安全疏散设施隐患排查应用举例，如表 5-26 所示。

表 5-26　安全疏散设施隐患排查应用举例（二）

隐患类型	隐患要素		隐患编号
安全疏散设施	建筑的疏散楼梯间未直接通至室外，其门或窗未向外开启		GB 50016-(2014)-5.5.3-Ⅳ
依据标准	《建筑设计防火规范》[GB 50016—2014(2018 年版)]5.5.3　建筑的楼梯间宜通至屋面，通向屋面的门或窗应向外开启		
风险等级	整改类型	整改方式	整改措施
中风险　☑	设计安装　☑	限期整改　☑	疏散措施　☑

依据标准：《建筑防火通用规范》(GB 55037—2022)。

▲7.4.1　公共建筑内每个防火分区或一个防火分区的每个楼层的安全出口不应少于 2 个；仅设置 1 个安全出口或 1 部疏散楼梯的公共建筑应符合下列条件之一：

1　除托儿所、幼儿园外，建筑面积不大于 200m^2 且人数不大于 50 人的单层公共建筑或多层公共建筑的首层；

2　除医疗建筑、老年人照料设施、儿童活动场所、歌舞娱乐放映游艺场所外，符合表 7.4.1 规定的公共建筑。

表 7.4.1　仅设置 1 个安全出口或 1 部疏散楼梯的公共建筑

建筑的耐火等级或类型	最多层数	每层最大建筑面积(m^2)	人数
一、二级	3 层	200	第二、三层的人数之和不大于 50 人
三级、木结构建筑	3 层	200	第二、三层的人数之和不大于 25 人
四级	2 层	200	第二层人数不大于 15 人

▲7.4.2　公共建筑内每个房间的疏散门不应少于 2 个；儿童活动场所、老年人照料设施中的老年人活动场所、医疗建筑中的治疗室和病房、教学建筑中的教学用房，当位于走道尽端时，疏散门不应少于 2 个；公共建筑内仅设置 1 个疏散门的房间应符合下列条件之一：

1　对于儿童活动场所、老年人照料设施中的老年人活动场所，房间位于两个安全出口之间或袋形走道两侧且建筑面积不大于 50m^2；

2　对于医疗建筑中的治疗室和病房、教学建筑中的教学用房，房间位于两个安全出口之间或袋形走道两侧且建筑面积不大于 75m^2；

3　对于歌舞娱乐放映游艺场所，房间的建筑面积不大于 50m^2 且经常停留人数不大于 15 人；

4　对于其他用途的场所，房间位于两个安全出口之间或袋形走道两侧且建筑面积不大于 120m^2；

5　对于其他用途的场所，房间位于走道尽端且建筑面积不大于 50m^2；

6　对于其他用途的场所，房间位于走道尽端且建筑面积不大于 200m^2、房间内任一点至疏散门的直线距离不大于 15m、疏散门的净宽度不小于 1.40m。

安全疏散设施隐患排查应用举例，如表 5-27 所示。

表 5-27　安全疏散设施隐患排查应用举例（三）

隐患类型	隐患要素		隐患编号
安全疏散设施	人员密集的公共场所、观众厅的疏散门设置门槛，或紧靠门口内外各 1.40m 设置门槛		GB 50016-(2014)-5.5.19-Ⅳ
依据标准	《建筑设计防火规范》[GB 50016—2014(2018 年版)]5.5.19　人员密集的公共场所、观众厅的疏散门不应设置门槛，其净宽度不应小于 1.40m，且紧靠门口内外各 1.40m 范围内不应设置踏步。 人员密集的公共场所的室外疏散通道的净宽度不应小于 3.00m，并应直接通向宽敞地带		
条文说明	由于靠近门口走道距离过近或设置门槛容易绊倒		
风险等级	整改类型	整改方式	整改措施
中风险　☑	设计安装　☑	限期整改　☑	疏散措施　☑

5.4.4.2　疏散楼梯间设置

依据标准：《建筑防火通用规范》(GB 55037—2022)。

▲7.1.8　室内疏散楼梯间应符合下列规定：

1　疏散楼梯间内不应设置烧水间、可燃材料储藏室、垃圾道及其他影响人员疏散的凸出物或障碍物。

2　疏散楼梯间内不应设置或穿过甲、乙、丙类液体管道。

3　在住宅建筑的疏散楼梯间内设置可燃气体管道和可燃气体计量表时，应采用敞开楼梯间，并应采取防止燃气泄漏的防护措施；其他建筑的疏散楼梯间及其前室内不应设置可燃或助燃气体管道。

4　疏散楼梯间及其前室与其他部位的防火分隔不应使用卷帘。

5　除疏散楼梯间及其前室的出入口、外窗和送风口，住宅建筑疏散楼梯间前室或合用前室内的管道井检查门外，疏散楼梯间及其前室或合用前室内的墙上不应设置其他门、窗等开口。

6　自然通风条件不符合防烟要求的封闭楼梯间，应采取机械加压防烟措施或采用防烟楼梯间。

7　防烟楼梯间前室的使用面积，公共建筑、高层厂房、高层仓库、平时使用的人民防空工程及其他地下工程，不应小于 6.0m^2；住宅建筑，不应小于 4.5m^2。与消防电梯前室合用的前室的使用面积，公共建筑、高层厂房、高层仓库、平时使用的人民防空工程及其他地下工程，不应小于 10.0m^2；住宅建筑，不应小于 6.0m^2。

8　疏散楼梯间及其前室上的开口与建筑外墙上的其他相邻开口最近边缘之间的水平距离不应小于 1.0m。当距离不符合要求时，应采取防止火势通过相邻开口蔓延的措施。

安全疏散设施隐患排查应用举例，如表 5-28 所示。

表 5-28 安全疏散设施隐患排查应用举例（四）

隐患类型	隐患要素		隐患编号
安全疏散设施	封闭楼梯间、防烟楼梯间及其前室内未禁止穿过或设置可燃气体管道		GB 55037-(2022)-▲7.1.8(3)-Ⅳ
依据标准	《建筑防火通用规范》(GB 55037—2022)7.1.8 室内疏散楼梯间应符合下列规定：3 在住宅建筑的疏散楼梯间内设置可燃气体管道和可燃气体计量表时，应采用敞开楼梯间，并应采取防止燃气泄漏的防护措施；其他建筑的疏散楼梯间及其前室内不应设置可燃或助燃气体管道		
条文说明	可燃气体管道设置在疏散楼梯间，一旦泄漏后果严重，应严禁设置燃气管道		
风险等级	整改类型	整改方式	整改措施
中风险 ☑	设计安装 ☑	限期整改 ☑	疏散措施 ☑
表注	▲强制性条文，必须严格执行		

5.4.4.3 防烟楼梯间设置

依据标准：《建筑防火通用规范》(GB 55037—2022)。

▲7.1.10 除住宅建筑套内的自用楼梯外，建筑的地下或半地下室、平时使用的人民防空工程、其他地下工程的疏散楼梯间应符合下列规定：

1 当埋深不大于10m或层数不大于2层时，应为封闭楼梯间；

2 当埋深大于10m或层数不小于3层时，应为防烟楼梯间；

3 地下楼层的疏散楼梯间与地上楼层的疏散楼梯间，应在直通室外地面的楼层采用耐火极限不低于2.00h且无开口的防火隔墙分隔；

4 在楼梯的各楼层入口处均应设置明显的标识。

▲7.4.4 下列公共建筑的室内疏散楼梯应为防烟楼梯间：

1 一类高层公共建筑；

2 建筑高度大于32m的二类高层公共建筑。

5.4.4.4 封闭楼梯间设置

依据标准：《建筑防火通用规范》(GB 55037—2022)。

▲7.4.5 下列公共建筑中与敞开式外廊不直接连通的室内疏散楼梯均应为封闭楼梯间：

1 建筑高度不大于32m的二类高层公共建筑；

2 多层医疗建筑、旅馆建筑、老年人照料设施及类似使用功能的建筑；

3 设置歌舞娱乐放映游艺场所的多层建筑；

4 多层商店建筑、图书馆、展览建筑、会议中心及类似使用功能的建筑；

5 6层及6层以上的其他多层公共建筑。

5.4.4.5 避难层（间）设置

依据标准：《建筑防火通用规范》（GB 55037—2022）。

▲7.1.14 建筑高度大于100m的工业与民用建筑应设置避难层，且第一个避难层的楼面至消防车登高操作场地地面的高度不应大于50m。

▲7.1.15 避难层应符合下列规定：

1 避难区的净面积应满足该避难层与上一避难层之间所有楼层的全部使用人数避难的要求。

2 除可布置设备用房外，避难层不应用于其他用途。设置在避难层内的可燃液体管道、可燃或助燃气体管道应集中布置，设备管道区应采用耐火极限不低于3.00h的防火隔墙与避难区及其他公共区分隔。管道井和设备间应采用耐火极限不低于2.00h的防火隔墙与避难区及其他公共区分隔。设备管道区、管道井和设备间与避难区或疏散走道连通时，应设置防火隔间，防火隔间的门应为甲级防火门。

3 避难层应设置消防电梯出口、消火栓、消防软管卷盘、灭火器、消防专线电话和应急广播。

4 在避难层进入楼梯间的入口处和疏散楼梯通向避难层的出口处，均应在明显位置设置标示避难层和楼层位置的灯光指示标识。

5 避难区应采取防止火灾烟气进入或积聚的措施，并应设置可开启外窗。

6 避难区应至少有一边水平投影位于同一侧的消防车登高操作场地范围内。

▲7.1.16 避难间应符合下列规定：

1 避难区的净面积应满足避难间所在区域设计避难人数避难的要求；

2 避难间兼作其他用途时，应采取保证人员安全避难的措施；

3 避难间应靠近疏散楼梯间，不应在可燃物库房、锅炉房、发电机房、变配电站等火灾危险性大的场所的正下方、正上方或贴邻；

4 避难间应采用耐火极限不低于2.00h的防火隔墙和甲级防火门与其他部位分隔；

5 避难间应采取防止火灾烟气进入或积聚的措施，并应设置可开启外窗，除外窗和疏散门外，避难间不应设置其他开口；

6 避难间内不应敷设或穿过输送可燃液体、可燃或助燃气体的管道；

7 避难间内应设置消防软管卷盘、灭火器、消防专线电话和应急广播；

8 在避难间入口处的明显位置应设置标示避难间的灯光指示标识。

5.4.5 辅助安全疏散设施

5.4.5.1 疏散照明设置

依据标准：《建筑防火通用规范》（GB 55037—2022）。

▲10.1.9 除筒仓、散装粮食仓库和火灾发展缓慢的场所外，厂房、丙类仓库、民用建筑、平时使用的人民防空工程等建筑中的下列部位应设置疏散照明：

1 安全出口、疏散楼梯（间）、疏散楼梯间的前室或合用前室、避难走道及其前室、避难层、避难间、消防专用通道、兼作人员疏散的天桥和连廊；

2 观众厅、展览厅、多功能厅及其疏散口；

3 建筑面积大于 200m^2 的营业厅、餐厅、演播室、售票厅、候车（机、船）厅等人员密集的场所及其疏散口；

4 建筑面积大于 100m^2 的地下或半地下公共活动场所；

5 地铁工程中的车站公共区，自动扶梯、自动人行道，楼梯，连接通道或换乘通道，车辆基地，地下区间内的纵向疏散平台；

6 城市交通隧道两侧，人行横通道或人行疏散通道；

7 城市综合管廊的人行道及人员出入口；

8 城市地下人行通道。

5.4.5.2 疏散照明灯具选择

依据标准：《消防应急照明和疏散指示系统技术标准》(GB 51309—2018)。

3.2.1 灯具的选择应符合下列规定：

1 应选择采用节能光源的灯具，消防应急照明灯具（以下简称“照明灯”）的光源色温不应低于 2700K。

2 不应采用蓄光型指示标志替代消防应急标志灯具（以下简称“标志灯”）。

3 灯具的蓄电池电源宜优先选择安全性高、不含重金属等对环境有害物质的蓄电池。

4 设置在距地面 8m 及以下的灯具的电压等级及供电方式应符合下列规定：

1）应选择 A 型灯具；

2）地面上设置的标志灯应选择集中电源 A 型灯具；

3）未设置消防控制室的住宅建筑，疏散走道、楼梯间等场所可选择自带电源 B 型灯具。

安全疏散设施隐患排查应用举例，如表 5-29 所示。

表 5-29 安全疏散设施隐患排查应用举例（五）

隐患类型	隐患要素		隐患编号
安全疏散设施	距地 8m 及以下灯具未按规定选择 A 型灯具		GB 51309-(2018)-3.2.1(4)-Ⅳ
依据标准	《消防应急照明和疏散指示系统技术标准》(GB 51309—2018)3.2.1 灯具的选择应符合下列规定： 4 设置在距地面 8m 及以下的灯具的电压等级及供电方式应符合下列规定： 1)应选择 A 型灯具		
条文说明	应急照明灯具分为：A 型(电压低于 36V)和 B 型(电压高于 36V)		
风险等级	整改类型	整改方式	整改措施
中风险 ☑	使用维护 ☑	限期整改 ☑	疏散措施 ☑

5.4.5.3 疏散照明最低照度

依据标准：《建筑防火通用规范》（GB 55037—2022）。

▲10.1.10 建筑内疏散照明的地面最低水平照度应符合下列规定：

1 疏散楼梯间、疏散楼梯间的前室或合用前室、避难走道及其前室、避难层、避难间、消防专用通道，不应低于 10.0lx；

2 疏散走道、人员密集的场所，不应低于 3.0lx；

3 本条上述规定场所外的其他场所，不应低于 1.0lx。

▲10.1.11 消防控制室、消防水泵房、自备发电机房、配电室、防排烟机房以及发生火灾时仍需正常工作的消防设备房应设置备用照明，其作业面的最低照度不应低于正常照明的照度。

5.4.5.4 疏散照明设置位置

依据标准：《建筑设计防火规范》[GB 50016—2014（2018 年版）]。

10.3.4 疏散照明灯具应设置在出口的顶部、墙面的上部或顶棚上；备用照明灯具应设置在墙面的上部或顶棚上。

10.3.5 公共建筑、建筑高度大于 54m 的住宅建筑、高层厂房（库房）和甲、乙、丙类单、多层厂房，应设置灯光疏散指示标志，并应符合下列规定：

1 应设置在安全出口和人员密集的场所的疏散门的正上方；

2 应设置在疏散走道及其转角处距地面高度 1.0m 以下的墙面或地面上。灯光疏散指示标志的间距不应大于 20m；对于袋形走道，不应大于 10m；在走道转角区，不应大于 1.0m。

5.5 消火栓灭火设施

5.5.1 有关术语名词

消火栓系统是指由供水设施、消火栓、配水管网和阀门等组成的系统，分为：市政消火栓、室外消火栓和室内消火栓。

湿式消火栓系统：平时配水管网内充满水的消火栓系统。

干式消火栓系统：平时配水管网内不充水，火灾时向配水管网充水的消火栓系统。

静水压力：消防给水系统管网内水在静止时管道某一点的压力，简称静压。

动水压力：消防给水系统管网内水在流动时管道某一点的总压力与速度压力之差，简称动压。

充实水柱：从水枪喷嘴起至射流90%的水柱水量穿过直径380mm圆孔处的一段射流长度。

高压消防给水系统：能始终保持满足水灭火设施所需的工作压力和流量，火灾时不需消防水泵直接加压的供水系统。

临时高压消防给水系统：平时不能满足水灭火设施所需的工作压力和流量，火灾时能自动启动消防水泵以满足水灭火设施所需的工作压力和流量的供水系统。

低压消防给水系统：能满足车载或手抬移动消防水泵等取水所需的工作压力和流量的供水系统。

依据标准：《消防给水及消火栓系统技术规范》(GB 50974—2014)、《建筑设计防火规范》[GB 50016—2014（2018年版)] 和《建筑防火通用规范》(GB 55037—2022)。

5.5.2 消火栓设置

5.5.2.1 市政、室外消火栓设置

依据标准：《建筑防火通用规范》(GB 55037—2022)。

▲8.1.4 除居住人数不大于500人且建筑层数不大于2层的居住区外，城镇（包括居住区、商业区、开发区、工业区等）应沿可通行消防车的街道设置市政消火栓系统。

▲8.1.5 除城市轨道交通工程的地上区间和一、二级耐火等级且建筑体积不大于3000m^{3}的戊类厂房可不设置室外消火栓外，下列建筑或场所应设置室外消火栓系统：

1 建筑占地面积大于300m^{2}的厂房、仓库和民用建筑；

2 用于消防救援和消防车停靠的建筑屋面或高架桥；

3 地铁车站及其附属建筑、车辆基地。

消火栓灭火设施隐患排查应用举例，如表5-30所示。

表5-30 消火栓灭火设施隐患排查应用举例（一）

隐患类型	隐患要素		隐患编号
消火栓灭火设施	建筑占地面积大于300m^{2}的厂房、仓库和民用建筑未按规定设置室外消火栓系统		GB 55037-(2022)-▲8.1.5(1)-Ⅲ
依据标准	《建筑防火通用规范》(GB 55037—2022)▲8.1.5 除城市轨道交通工程的地上区间和一、二级耐火等级且建筑体积不大于3000m^{3}的戊类厂房可不设置室外消火栓外，下列建筑或场所应设置室外消火栓系统： 1 建筑占地面积大于300m^{2}的厂房、仓库和民用建筑		
条文说明	室外消火栓配置，除配置消防水枪、水带外，配置开启工具		
风险等级	整改类型	整改方式	整改措施
中风险 ☑	使用维护 ☑	限期整改 ☑	灭火措施 ☑
表注	▲强制性条文，必须严格执行		

5.5.2.2 市内消火栓设置

依据标准：《建筑防火通用规范》(GB 55037—2022)。

▲8.1.7 除不适合用水保护或灭火的场所、远离城镇且无人值守的独立建筑、散装粮食仓库、金库可不设置室内消火栓系统外，下列建筑应设置室内消火栓系统：

1 建筑占地面积大于300m^{2}的甲、乙、丙类厂房；

2 建筑占地面积大于300m^{2}的甲、乙、丙类仓库；

3 高层公共建筑，建筑高度大于21m的住宅建筑；

4 特等和甲等剧场，座位数大于800个的乙等剧场，座位数大于800个的电影院，座位数大于1200个的礼堂，座位数大于1200个的体育馆等建筑；

5 建筑体积大于5000m^{3}的下列单、多层建筑：车站、码头、候车（船、机）建筑，展览、商店、旅馆和医疗建筑，老年人照料设施，档案馆，图书馆；

6 建筑高度大于15m或建筑体积大于10000m^{3}的办公建筑、教学建筑及其他单、多层民用建筑；

7 建筑面积大于300m^{2}的汽车库和修车库；

8 建筑面积大于300m^{2}且平时使用的人民防空工程；

9 地铁工程中的地下区间、控制中心、车站及长度大于30m的人行通道，车辆基地内建筑面积大于300m^{2}的建筑；

10 通行机动车的一、二、三类城市交通隧道。

消火栓灭火设施隐患排查应用举例，如表5-31所示。

表5-31 消火栓灭火设施隐患排查应用举例（二）

隐患类型	隐患要素		隐患编号
消火栓灭火设施	厂房和仓库未按规定设置室内消火栓系统		GB 55037-(2022)-▲8.1.7(1)-Ⅲ
依据标准	《建筑防火通用规范》(GB 55037—2022)▲8.1.7 除不适合用水保护或灭火的场所、远离城镇且无人值守的独立建筑、散装粮食仓库、金库可不设置室内消火栓系统外，下列建筑应设置室内消火栓系统： 1 建筑占地面积大于300m^{2}的甲、乙、丙类厂房		
条文说明	室内消火栓箱配置：消防水带、消防水枪等		
风险等级	整改类型	整改方式	整改措施
中风险 ☑	使用维护 ☑	限期整改 ☑	灭火措施 ☑
表注	▲强制性条文，必须执行		

5.5.3 消火栓配置

5.5.3.1 市政消火栓配置

依据标准：《消防给水及消火栓系统技术规范》(GB 50974—2014)。

7.2.2 市政消火栓宜采用直径 DN150 的室外消火栓，并应符合下列要求：

1 室外地上式消火栓应有一个直径为 150mm 或 100mm 和两个直径为 65mm 的栓口；

2 室外地下式消火栓应有直径为 100mm 和 65mm 的栓口各一个。

7.2.3 市政消火栓宜在道路的一侧设置，并宜靠近十字路口，但当市政道路宽度超过 60m 时，应在道路的两侧交叉错落设置市政消火栓。

7.2.4 市政桥桥头和城市交通隧道出入口等市政公用设施处，应设置市政消火栓。

7.2.5 市政消火栓的保护半径不应超过 150m，间距不应大于 120m。

7.2.6 市政消火栓应布置在消防车易于接近的人行道和绿地等地点，且不应妨碍交通，并应符合下列规定：

1 市政消火栓距路边不宜小于 0.5m，并不应大于 2.0m；

2 市政消火栓距建筑外墙或外墙边缘不宜小于 5.0m；

3 市政消火栓应避免设置在机械易撞击的地点，确有困难时，应采取防撞措施。

依据标准：《消防设施通用规范》(GB 55036—2022)。

▲3.0.3 设置市政消火栓的市政给水管网，平时运行工作压力应大于或等于 0.14MPa，应保证市政消火栓用于消防救援时的出水流量大于或等于 15L/s，供水压力（从地面算起）大于或等于 0.10MPa。

消火栓灭火设施隐患排查应用举例，如表 5-32、表 5-33 所示。

表 5-32 消火栓灭火设施隐患排查应用举例（三）

隐患类型	隐患要素		隐患编号
消火栓灭火设施	市政消火栓的保护半径及间距不符合规定		GB 50974-(2014)-7.2.5-Ⅲ
依据标准	《消防给水及消火栓系统技术规范》(GB 50974—2014)7.2.5 市政消火栓的保护半径不应超过 150m，间距不应大于 120m		
风险等级	整改类型	整改方式	整改措施
中风险 ☑	使用维护 ☑	限期整改 ☑	灭火措施 ☑

表 5-33 消火栓灭火设施隐患排查应用举例（四）

隐患类型	隐患要素		隐患编号
消火栓灭火设施	市政给水管网市政消火栓压力不符合规定		GB 55036-(2022)-▲3.0.3-Ⅲ
依据标准	《消防设施通用规范》(GB 55036—2022)▲3.0.3 设置市政消火栓的市政给水管网，平时运行工作压力应大于或等于 0.14MPa，应保证市政消火栓用于消防救援时的出水流量大于或等于 15L/s，供水压力(从地面算起)大于或等于 0.10MPa		
风险等级	整改类型	整改方式	整改措施
中风险 ☑	使用维护 ☑	限期整改 ☑	灭火措施 ☑
表注	▲强制性条文，必须严格执行		

5.5.3.2 室外消火栓配置

依据标准：《消防设施通用规范》(GB 55036—2022)。

▲3.0.4 室外消火栓系统应符合下列规定：

1 室外消火栓的设置间距、室外消火栓与建（构）筑物外墙、外边缘和道路路沿的距离，应满足消防车在消防救援时安全、方便取水和供水的要求；

2 当室外消火栓系统的室外消防给水引入管设置倒流防止器时，应在该倒流防止器前增设1个室外消火栓；

3 室外消火栓的流量应满足相应建（构）筑物在火灾延续时间内灭火、控火、冷却和防火分隔的要求；

4 当室外消火栓直接用于灭火且室外消防给水设计流量大于30L/s时，应采用高压或临时高压消防给水系统。

消火栓灭火设施隐患排查应用举例，如表5-34～表5-36所示。

表5-34 消火栓灭火设施隐患排查应用举例（五）

隐患类型	隐患要素		隐患编号
消火栓灭火设施	建筑室外消火栓的数量及保护半径不符合规定		GB 50974-(2014)-7.3.2-Ⅲ
依据标准	《消防给水及消火栓系统技术规范》(GB 50974—2014)7.3.2 建筑室外消火栓的数量应根据室外消火栓设计流量和保护半径经计算确定，保护半径不应大于150.0m，每个室外消火栓的出流量宜按10～15L/s计算		
风险等级	整改类型	整改方式	整改措施
中风险 ☑	使用维护 ☑	限期整改 ☑	灭火措施 ☑

表5-35 消火栓灭火设施隐患排查应用举例（六）

隐患类型	隐患要素		隐患编号
消火栓灭火设施	工艺装置区、储罐区、堆场等构筑物采用高压或临时高压消防给水系统室外消火栓处未配置消防水带和消防水枪		GB 50974-(2014)-7.3.9-Ⅲ
依据标准	《消防给水及消火栓系统技术规范》(GB 50974—2014)7.3.9 当工艺装置区、储罐区、堆场等构筑物采用高压或临时高压消防给水系统时，消火栓的设置应符合下列规定： 1 室外消火栓处宜配置消防水带和消防水枪； 2 工艺装置休息平台等处需要设置消火栓的场所应采用室内消火栓，并应符合本规范第7.4节的有关规定		
风险等级	整改类型	整改方式	整改措施
中风险 ☑	使用维护 ☑	限期整改 ☑	灭火措施 ☑

表 5-36　消火栓灭火设施隐患排查应用举例（七）

隐患类型	隐患要素		隐患编号
消火栓灭火设施	未按规定在倒流防止器前设置一个室外消火栓		GB 55036-(2022)-▲3.0.4(2)-Ⅲ
依据标准	《消防设施通用规范》(GB 55036—2022)▲3.0.4　室外消火栓系统应符合下列规定： 2　当室外消火栓系统的室外消防给水引入管设置倒流防止器时，应在该倒流防止器前增设 1 个室外消火栓		
风险等级	整改类型	整改方式	整改措施
中风险　☑	使用维护　☑	限期整改　☑	灭火措施　☑
表注	▲强制性条文，必须严格执行		

5.5.3.3　室内消火栓配置

依据标准：《消防设施通用规范》(GB 55036—2022)。

▲3.0.5　室内消火栓系统应符合下列规定：

1　室内消火栓的流量和压力应满足相应建（构）筑物在火灾延续时间内灭火、控火的要求；

2　环状消防给水管道应至少有 2 条进水管与室外供水管网连接，当其中一条进水管关闭时，其余进水管应仍能保证全部室内消防用水量；

3　在设置室内消火栓的场所内，包括设备层在内的各层均应设置消火栓；

4　室内消火栓的设置应方便使用和维护。

消火栓灭火设施隐患排查应用举例，如表 5-37～表 5-40 所示。

表 5-37　消火栓灭火设施隐患排查应用举例（八）

隐患类型	隐患要素		隐患编号
消火栓灭火设施	室内消火栓的配置不符合要求		GB 50974-(2014)-7.4.2-Ⅲ
依据标准	《消防给水及消火栓系统技术规范》(GB 50974—2014)7.4.2　室内消火栓的配置应符合下列要求： 1　应采用 DN65 室内消火栓，并可与消防软管卷盘或轻便水龙设置在同一箱体内。 2　应配置公称直径 65 有内衬里的消防水带，长度不宜超过 25.0m；消防软管卷盘应配置内径不小于 ϕ19 的消防软管，其长度宜为 30.0m；轻便水龙应配置公称直径 25 有内衬里的消防水带，长度宜为 30.0m。 3　宜配置当量喷嘴直径 16mm 或 19mm 的消防水枪，但当消火栓设计流量为 2.5L/s 时宜配置当量喷嘴直径 11mm 或 13mm 的消防水枪；消防软管卷盘和轻便水龙应配置当量喷嘴直径 6mm 的消防水枪		
风险等级	整改类型	整改方式	整改措施
中风险　☑	使用维护　☑	限期整改　☑	灭火措施　☑

表 5-38　消火栓灭火设施隐患排查应用举例（九）

隐患类型	隐患要素		隐患编号
消火栓灭火设施	消火栓栓口距地面高度不符合规定，与墙面未设置成90°角或向下		GB 50974-(2014)-7.4.8-Ⅲ
依据标准	《消防给水及消火栓系统技术规范》(GB 50974—2014)7.4.8　建筑室内消火栓栓口的安装高度应便于消防水龙带的连接和使用，其距地面高度宜为1.1m；其出水方向应便于消防水带的敷设，并宜与设置消火栓的墙面成90°角或向下		
风险等级	整改类型	整改方式	整改措施
中风险　☑	使用维护　☑	限期整改　☑	灭火措施　☑

表 5-39　消火栓灭火设施隐患排查应用举例（十）

隐患类型	隐患要素		隐患编号
消火栓灭火设施	室内消火栓布置距离不符合规定		GB 50974-(2014)-7.4.10-Ⅲ
依据标准	《消防给水及消火栓系统技术规范》(GB 50974—2014)7.4.10　室内消火栓宜按直线距离计算其布置间距，并应符合下列规定： 1　消火栓按2支消防水枪的2股充实水柱布置的建筑物，消火栓的布置间距不应大于30.0m； 2　消火栓按1支消防水枪的1股充实水柱布置的建筑物，消火栓的布置间距不应大于50.0m		
风险等级	整改类型	整改方式	整改措施
中风险　☑	使用维护　☑	限期整改　☑	灭火措施　☑

表 5-40　消火栓灭火设施隐患排查应用举例（十一）

隐患类型	隐患要素		隐患编号
消火栓灭火设施	室内消火栓栓口压力和消防水枪充实水柱不符合规定		GB 50974-(2014)-7.4.12-Ⅲ
依据标准	《消防给水及消火栓系统技术规范》(GB 50974—2014)7.4.12　室内消火栓栓口压力和消防水枪充实水柱，应符合下列规定： 1　消火栓栓口动压力不应大于0.50MPa；当大于0.70MPa时必须设置减压装置。 2　高层建筑、厂房、库房和室内净空高度超过8m的民用建筑等场所，消火栓栓口动压不应小于0.35MPa，且消防水枪充实水柱应按13m计算；其他场所，消火栓栓口动压不应小于0.25MPa，且消防水枪充实水柱应按10m计算		
风险等级	整改类型	整改方式	整改措施
中风险　☑	使用维护　☑	限期整改　☑	灭火措施　☑

5.6　自动灭火设施

5.6.1　有关术语名词

自动灭火设施包括：自动喷水灭火系统、水幕系统、雨淋灭火系统、水喷雾灭火系统、细水雾灭火系统、消防炮灭火系统、泡沫灭火系统、气体灭火系统及其他灭火装置等。自动灭火系统设置从其相应的设计和技术规范。

自动喷水灭火系统是由洒水喷头、报警阀组、水流报警装置（水流指示器或压力开关）等组件，以及管道、供水设施等组成，能在发生火灾时喷水的自动灭火系统。按喷头开启状态分为：开式和闭式；按报警阀组分为：湿式系统、干式系统和预作用系统等。

雨淋灭火系统是由开式洒水喷头、雨淋报警阀组等组成，发生火灾时由火灾自动报警系统或传动管控制，自动开启雨淋报警阀组和启动消防水泵，用于灭火的开式系统。

水幕系统是由开式洒水喷头或水幕喷头、雨淋报警阀组或感温雨淋报警阀等组成，分为防火分隔水幕、防护冷却水幕等。该系统通常不用于灭火，用于防火分隔或防护冷却的开式系统。

水喷雾灭火系统是由水源、供水设备、管道、雨淋报警阀（或电动控制阀、气动控制阀）、过滤器和水雾喷头等组成，向保护对象喷射水雾进行灭火或防护冷却的系统。

细水雾灭火系统是由供水装置、过滤装置、控制阀、细水雾喷头等组件和供水管道组成，能自动和人工启动并喷放细水雾进行灭火或控火的固定灭火系统。细水雾是水在最小设计工作压力下，经喷头喷出并在喷头轴线下方1.0m处的平面上形成的直径$D_v0.50$小于200μm，$D_v0.99$小于400μm的水雾滴。

泡沫灭火系统是由泡沫液、泡沫消防水泵、泡沫混合液泵、泡沫液泵、泡沫比例混合器（装置）、压力容器、泡沫产生装置、火灾探测与启动控制装置、控制阀门及管道等组成。其中，分为低泡沫倍数（发泡倍数低于20）、中泡沫倍数（发泡倍数20～200）、高泡沫倍数（发泡倍数大于200）泡沫灭火系统，按喷射方式分为低压泡沫灭火系统（液上喷射、液下喷射、半液下喷射等）、中高压泡沫灭火系统（全淹没系统、局部应用系统等）及泡沫与喷水灭火系统组合系统等。

气体灭火系统是用在室温和大气压力下为气体状的灭火剂进行扑灭火灾的消防灭火系统，一般由灭火剂储瓶、控制启动阀门组、输送管道、喷嘴和火灾探测控制系统等组成，按使用的气体灭火剂，分为七氟丙烷灭火系统、IG541灭火系统、二氧化碳灭火系统、蒸汽灭火系统和气溶胶灭火系统等。

固定消防炮灭火系统是由固定消防炮和相应配置的系统组件组成的固定灭火系统。按其喷射介质，分为水炮系统、泡沫炮系统和干粉炮系统等。

5.6.2　自动喷水灭火设施

5.6.2.1　厂房自动喷水灭火系统设置

依据标准：《建筑防火通用规范》（GB 55037—2022）。

▲8.1.8　除散装粮食仓库可不设置自动灭火系统外，下列厂房或生产部位、仓库应设置自动灭火系统：

1　地上不小于50000纱锭的棉纺厂房中的开包、清花车间，不小于5000锭的麻纺厂房中的分级、梳麻车间，火柴厂的烤梗、筛选部位；

2　地上占地面积大于1500m² 或总建筑面积大于3000m² 的单、多层制鞋、制衣、玩具及电子等类似用途的厂房；

3　占地面积大于1500m² 的地上木器厂房；

4　泡沫塑料厂的预发、成型、切片、压花部位；

5　除本条第1款～第4款规定外的其他乙、丙类高层厂房；

6　建筑面积大于500m² 的地下或半地下丙类生产场所；

7　除占地面积不大于2000m² 的单层棉花仓库外，每座占地面积大于1000m² 的棉、毛、丝、麻、化纤、毛皮及其制品的地上仓库；

8　每座占地面积大于600m² 的地上火柴仓库；

9　邮政建筑内建筑面积大于500m² 的地上空邮袋库；

10　设计温度高于0℃的地上高架冷库，设计温度高于0℃且每个防火分区建筑面积大于1500m² 的地上非高架冷库；

11　除本条第7款～第10款规定外，其他每座占地面积大于1500m² 或总建筑面积大于3000m² 的单、多层丙类仓库；

12　除本条第7款～第11款规定外，其他丙、丁类地上高架仓库，丙、丁类高层仓库；

13　地下或半地下总建筑面积大于500m² 的丙类仓库。

自动灭火设施隐患排查应用举例，如表5-41所示。

表5-41　自动灭火设施隐患排查应用举例（一）

隐患类型	隐患要素		隐患编号
自动灭火设施	地上占地面积大于1500m² 或总建筑面积大于3000m² 的单、多层制鞋、制衣、玩具及电子等类似用途的厂房未按规定设置自动喷水灭火系统		GB 55037-(2022)-▲8.1.8(2)-Ⅲ
依据标准	《建筑防火通用规范》(GB 55037—2022)▲8.1.8　除散装粮食仓库可不设置自动灭火系统外，下列厂房或生产部位、仓库应设置自动灭火系统： 2　地上占地面积大于1500m² 或总建筑面积大于3000m² 的单、多层制鞋、制衣、玩具及电子等类似用途的厂房		
条文说明	自动喷水灭火系统分为：湿式、干式、预作用等		
风险等级	整改类型	整改方式	整改措施
中风险　☑	使用维护　☑	限期整改　☑	灭火措施　☑
表注	▲强制性条文，必须严格执行		

自动喷水灭火系统设置应符合《自动喷水灭火系统设计规范》(GB 50084—2017）有关规定。

5.6.2.2　仓库自动喷水灭火系统设置

依据标准：《建筑防火通用规范》(GB 55037—2022)。

▲8.1.8 除散装粮食仓库可不设置自动灭火系统外，下列厂房或生产部位、仓库应设置自动灭火系统：

7 除占地面积不大于 2000m^2 的单层棉花仓库外，每座占地面积大于 1000m^2 的棉、毛、丝、麻、化纤、毛皮及其制品的地上仓库；

8 每座占地面积大于 600m^2 的地上火柴仓库；

9 邮政建筑内建筑面积大于 500m^2 的地上空邮袋库；

10 设计温度高于 0℃的地上高架冷库，设计温度高于 0℃且每个防火分区建筑面积大于 1500m^2 的地上非高架冷库；

11 除本条第 7 款～第 10 款规定外，其他每座占地面积大于 1500m^2 或总建筑面积大于 3000m^2 的单、多层丙类仓库；

12 除本条第 7 款～第 11 款规定外，其他丙、丁类地上高架仓库，丙、丁类高层仓库；

13 地下或半地下总建筑面积大于 500m^2 的丙类仓库。

自动灭火设施隐患排查应用举例，如表 5-42 所示。

表 5-42 自动灭火设施隐患排查应用举例（二）

隐患类型	隐患要素		隐患编号
自动灭火设施	除本条第 7 款～第 11 款规定外，其他丙、丁类地上高架仓库未设置自动喷水灭火系统		GB 55037-(2022)-▲8.1.8(12)-Ⅲ
依据标准	《建筑防火通用规范》(GB 55037—2022)▲8.1.8 除散装粮食仓库可不设置自动灭火系统外，下列厂房或生产部位、仓库应设置自动灭火系统：⑦ 除占地面积不大于 2000m^2 的单层棉花仓库外，每座占地面积大于 1000m^2 的棉、毛、丝、麻、化纤、毛皮及其制品的地上仓库；⑧ 每座占地面积大于 600m^2 的地上火柴仓库；⑨ 邮政建筑内建筑面积大于 500m^2 的地上空邮袋库；⑩ 设计温度高于 0℃的地上高架冷库，设计温度高于 0℃且每个防火分区建筑面积大于 1500m^2 的地上非高架冷库；⑪ 除本条第 7 款～第 10 款规定外，其他每座占地面积大于 1500m^2 或总建筑面积大于 3000m^2 的单、多层丙类仓库；⑫ 除本条第 7 款～第 11 款规定外，其他丙、丁类地上高架仓库，丙、丁类高层仓库；⑬ 地下或半地下总建筑面积大于 500m^2 的丙类仓库		
条文说明	自动喷水灭火系统分为：湿式、干式、预作用等		
风险等级	整改类型	整改方式	整改措施
中风险 ☑	使用维护 ☑	限期整改 ☑	灭火措施 ☑
表注	▲强制性条文，必须严格执行		

自动喷水灭火系统设置应符合《自动喷水灭火系统设计规范》(GB 50084—2017) 有关规定。

5.6.2.3 其他自动喷水灭火系统设置

主要包括：高层建筑、单多层建筑等自动喷水灭火系统设置以及水幕保护系统设置。

依据标准：《建筑防火通用规范》(GB 55037—2022)。

▲8.1.9 除建筑内的游泳池、浴池、溜冰场可不设置自动灭火系统外，下列民用建筑、场所和平时使用的人民防空工程应设置自动灭火系统：

1 一类高层公共建筑及其地下、半地下室；

2 二类高层公共建筑及其地下、半地下室中的公共活动用房、走道、办公室、旅馆的客房、可燃物品库房；

3 建筑高度大于100m的住宅建筑；

4 特等和甲等剧场，座位数大于1500个的乙等剧场，座位数大于2000个的会堂或礼堂，座位数大于3000个的体育馆，座位数大于5000个的体育场的室内人员休息室与器材间等；

5 任一层建筑面积大于1500m^{2}或总建筑面积大于3000m^{2}的单、多层展览建筑、商店建筑、餐饮建筑和旅馆建筑；

6 中型和大型幼儿园，老年人照料设施，任一层建筑面积大于1500m^{2}或总建筑面积大于3000m^{2}的单、多层病房楼、门诊楼和手术部；

7 除本条上述规定外，设置具有送回风道（管）系统的集中空气调节系统且总建筑面积大于3000m^{2}的其他单、多层公共建筑；

8 总建筑面积大于500m^{2}的地下或半地下商店；

9 设置在地下或半地下、多层建筑的地上第四层及以上楼层、高层民用建筑内的歌舞娱乐放映游艺场所，设置在多层建筑第一层至第三层且楼层建筑面积大于300m^{2}的地上歌舞娱乐放映游艺场所；

10 位于地下或半地下且座位数大于800个的电影院、剧场或礼堂的观众厅；

11 建筑面积大于1000m^{2}且平时使用的人民防空工程。

自动灭火设施隐患排查应用举例，如表5-43所示。

表5-43 自动灭火设施隐患排查应用举例（三）

隐患类型	隐患要素	隐患编号
自动灭火设施	设置具有送回风道(管)系统的集中空气调节系统且总建筑面积大于3000m^{2}的单、多层办公建筑未设置自动灭火系统的	GB 55037-(2022)-▲8.1.9(7)-Ⅲ
依据标准	《建筑防火通用规范》(GB 55037—2022)▲8.1.9 除建筑内的游泳池、浴池、溜冰场可不设置自动灭火系统外，下列民用建筑、场所和平时使用的人民防空工程应设置自动灭火系统： 1 一类高层公共建筑及其地下、半地下室； 2 二类高层公共建筑及其地下、半地下室中的公共活动用房、走道、办公室、旅馆的客房、可燃物品库房； 3 建筑高度大于100m的住宅建筑； 4 特等和甲等剧场，座位数大于1500个的乙等剧场，座位数大于2000个的会堂或礼堂，座位数大于3000个的体育馆，座位数大于5000个的体育场的室内人员休息室与器材间等； 5 任一层建筑面积大于1500m^{2}或总建筑面积大于3000m^{2}的单、多层展览建筑、商店建筑、餐饮建筑和旅馆建筑； 6 中型和大型幼儿园，老年人照料设施，任一层建筑面积大于1500m^{2}或总建筑面积大于3000m^{2}的单、多层病房楼、门诊楼和手术部； 7 除本条上述规定外，设置具有送回风道(管)系统的集中空气调节系统且总建筑面积大于3000m^{2}的其他单、多层公共建筑	

续表

条文说明	自动喷水灭火系统分为：湿式、干式、预作用等		
风险等级	整改类型	整改方式	整改措施
中风险 ☑	使用维护 ☑	限期整改 ☑	灭火措施 ☑
表注	▲强制性条文，必须严格执行		

5.6.3　雨淋灭火设施

依据标准：《建筑防火通用规范》(GB 55037—2022)。

▲8.1.11　下列建筑或部位应设置雨淋灭火系统：

1　火柴厂的氯酸钾压碾车间；

2　建筑面积大于 $100m^2$ 且生产或使用硝化棉、喷漆棉、火胶棉、赛璐珞胶片、硝化纤维的场所；

3　乒乓球厂的轧坯、切片、磨球、分球检验部位；

4　建筑面积大于 $60m^2$ 或储存量大于 2t 的硝化棉、喷漆棉、火胶棉、赛璐珞胶片、硝化纤维库房；

5　日装瓶数量大于 3000 瓶的液化石油气储配站的灌瓶间、实瓶库；

6　特等和甲等剧场的舞台葡萄架下部，座位数大于 1500 个的乙等剧场的舞台葡萄架下部，座位数大于 2000 个的会堂或礼堂的舞台葡萄架下部；

7　建筑面积大于或等于 $400m^2$ 的演播室，建筑面积大于或等于 $500m^2$ 的电影摄影棚。

自动灭火设施隐患排查应用举例，如表 5-44 所示。

表 5-44　自动灭火设施隐患排查应用举例（四）

隐患类型	隐患要素		隐患编号
自动灭火设施	日装瓶数量大于 3000 瓶的液化石油气储配站的灌瓶间、实瓶库未按规定设置雨淋自动喷水灭火系统		GB 55037-(2022)-▲8.1.11(5)-Ⅲ
依据标准	《建筑防火通用规范》(GB 55037—2022)▲8.1.11　下列建筑或部位应设置雨淋灭火系统： 5　日装瓶数量大于 3000 瓶的液化石油气储配站的灌瓶间、实瓶库		
条文说明	雨淋自动喷水灭火系统由雨淋阀、开式喷头等组成		
风险等级	整改类型	整改方式	整改措施
中风险 ☑	使用维护 ☑	限期整改 ☑	灭火措施 ☑
表注	▲强制性条文，必须严格执行		

雨淋自动喷水灭火系统设置应符合《自动喷水灭火系统设计规范》(GB 50084—2017)有关规定。

5.6.4 水喷雾灭火设施

水喷雾灭火系统由水源、供水设备、管道、雨淋报警阀（或电动控制阀、气动控制阀）、过滤器和水雾喷头等组成，是向保护对象喷射水雾进行灭火或防护冷却的系统。

依据标准：《水喷雾灭火系统设计规范》(GB 50219—2014)。

1.0.3 水喷雾灭火系统可用于扑救固体物质火灾、丙类液体火灾、饮料酒火灾和电气火灾，并可用于可燃气体和甲、乙、丙类液体的生产、储存装置或装卸设施的防护冷却。

1.0.4 水喷雾灭火系统不得用于扑救遇水能发生化学反应造成燃烧、爆炸的火灾，以及水雾会对保护对象造成明显损害的火灾。

自动灭火设施隐患排查应用举例，如表 5-45 所示。

表 5-45 自动灭火设施隐患排查应用举例（五）

隐患类型	隐患要素		隐患编号
自动灭火设施	水喷雾灭火系统用于扑救遇水能发生化学反应造成燃烧、爆炸的火灾，以及水雾会对保护对象造成明显损害的火灾		GB 50219-(2014)-1.0.4-Ⅲ
依据标准	《水喷雾灭火系统设计规范》(GB 50219—2014)1.0.4 水喷雾灭火系统不得用于扑救遇水能发生化学反应造成燃烧、爆炸的火灾，以及水雾会对保护对象造成明显损害的火灾		
风险等级	整改类型	整改方式	整改措施
中风险 ☑	使用维护 ☑	限期整改 ☑	灭火措施 ☑

水喷雾灭火系统设置应符合《水喷雾灭火系统技术规范》(GB 50219) 有关规定。

5.6.5 气体灭火设施

气体灭火设施包括七氟丙烷、混合气体 IG541、二氧化碳、惰性气体及烟雾灭火系统。

全淹没灭火系统：在规定的时间内，向防护区喷放设计规定用量的灭火剂，并使其均匀地充满整个防护区的灭火系统。

管网灭火系统：按一定的应用条件进行设计计算，将灭火剂从储存装置经由干管支管输送至喷放组件实施喷放的灭火系统。

预制灭火系统：按一定的应用条件，将灭火剂储存装置和喷放组件等预先设计、组装成套且具有联动控制功能的灭火系统。

高压二氧化碳灭火系统：灭火剂为在常温下储存的二氧化碳的灭火系统。

低压二氧化碳灭火系统：灭火剂为在－18～－20℃低温下储存的二氧化碳的灭火系统。

依据标准：《气体灭火系统设计规范》(GB 50370—2005)。

> 3.2.1　气体灭火系统适用于扑救下列火灾：
> 1　电气火灾；
> 2　固体表面火灾；
> 3　液体火灾；
> 4　灭火前能切断气源的气体火灾。
> 注：除电缆隧道（夹层、井）及自备发电机房外，K 型和其他型热气溶胶预制灭火系统不得用于其他电气火灾。
> 3.2.2　气体灭火系统不适用于扑救下列火灾：
> 1　硝化纤维、硝酸钠等氧化剂或含氧化剂的化学制品火灾；
> 2　钾、镁、钠、钛、镐、铀等活泼金属火灾；
> 3　氢化钾、氢化钠灯金属氢化物火灾；
> 4　过氧化氢、联胺等能自行分解的化学物质火灾；
> 5　可燃固体物质的深位火灾。

自动灭火设施隐患排查应用举例，如表 5-46 所示。

表 5-46　自动灭火设施隐患排查应用举例（六）

隐患类型	隐患要素		隐患编号
自动灭火设施	气体灭火系统用于扑救硝化纤维、硝酸钠等氧化剂或含氧化剂的化学制品火灾		GB 50370-(2005)-3.2.2(1)-Ⅲ
依据标准	《气体灭火系统设计规范》(GB 50370—2005)3.2.2 气体灭火系统不适用于扑救下列火灾： 1　硝化纤维、硝酸钠等氧化剂或含氧化剂的化学制品火灾		
风险等级	整改类型	整改方式	整改措施
中风险　☑	使用维护　☑	限期整改　☑	灭火措施　☑

气体灭火系统设置应符合《气体灭火系统设计规范》(GB 50370—2005) 及《二氧化碳灭火系统设计规范》(GB 50193) 等有关规定。

5.6.6　泡沫灭火设施

依据标准：《泡沫灭火系统技术标准》(GB 50151—2021)。

> 1.0.3　含有下列物质的场所，不应选用泡沫灭火系统：
> 1　硝化纤维、炸药等在无空气的环境中仍能迅速氧化的化学物质和强氧化剂；
> 2　钾、钠、烷基铝、五氧化二磷等遇水发生危险化学反应的活泼金属和化学物质。

自动灭火设施隐患排查应用举例，如表 5-47 所示。

表 5-47　自动灭火设施隐患排查应用举例（七）

隐患类型	隐患要素		隐患编号
自动灭火设施	硝化纤维、炸药等在无空气的环境中仍能迅速氧化的化学物质和强氧化剂的场所选用泡沫自动灭火系统		GB 50151-(2021)-1.0.3(1)-Ⅲ
依据标准	《泡沫灭火系统技术标准》(GB 50151—2021)1.0.3　含有下列物质的场所，不应选用泡沫灭火系统： 1　硝化纤维、炸药等在无空气的环境中仍能迅速氧化的化学物质和强氧化剂		
风险等级	整改类型	整改方式	整改措施
中风险 ☑	使用维护 ☑	限期整改 ☑	灭火措施 ☑

泡沫灭火系统设置应符合《泡沫灭火系统技术标准》(GB 50151) 有关规定。

5.6.7　固定消防炮灭火设施

依据标准：《消防设施通用规范》(GB 55036—2022)。

▲7.0.1 固定消防炮、自动跟踪定位射流灭火系统的类型和灭火剂应满足扑灭和控制保护对象火灾的要求，水炮灭火系统和泡沫炮灭火系统不应用于扑救遇水发生化学反应会引起燃烧或爆炸等物质的火灾。

依据标准：《固定消防炮灭火系统设计规范》(GB 50338—2003)。

3.0.2　设置在下列场所的固定消防炮灭火系统宜选用远控炮系统：
1　有爆炸危险性的场所；
2　有大量有毒气体产生的场所；
3　燃烧猛烈，产生强烈辐射热的场所；
4　火灾蔓延面积较大，且损失严重的场所；
5　高度超过 8m，且火灾危险性较大的室内场所；
6　发生火灾时，灭火人员难以及时接近或者撤离固定消防炮位的场所。

自动灭火设施隐患排查应用举例，如表 5-48 所示。

表 5-48　自动灭火设施隐患排查应用举例（八）

隐患类型	隐患要素		隐患编号
自动灭火设施	遇水发生化学反应会引起燃烧或爆炸等场所设置水炮灭火系统或泡沫炮灭火系统		GB 55036-(2022)-▲7.0.1-Ⅲ
依据标准	《消防设施通用规范》(GB 55036—2022)▲7.0.1　固定消防炮、自动跟踪定位射流灭火系统的类型和灭火剂应满足扑灭和控制保护对象火灾的要求，水炮灭火系统和泡沫炮灭火系统不应用于扑救遇水发生化学反应会引起燃烧或爆炸等物质的火灾		
条文说明	消防炮水量集中、流速快、冲量大，水流可以直接接触燃烧物而作用到火焰根部，将火焰剥离燃烧物使燃烧中止，能有效扑救高大空间内蔓延较快或火灾荷载大的火灾		
风险等级	整改类型	整改方式	整改措施
中风险 ☑	使用维护 ☑	限期整改 ☑	灭火措施 ☑
表注	▲强制性条文，必须严格执行		

固定消防炮灭火系统设置应符合《固定消防炮灭火系统设计规范》(GB 50338) 有关规定。

5.7 火灾报警相关设施

5.7.1 火灾报警设施

依据标准《火灾自动报警系统设计规范》(GB 50116—2013)。

> 5.1.1 火灾探测器的选择应符合下列规定:
>
> 1 对火灾初期有阴燃阶段，产生大量的烟和少量的热，很少或没有火焰辐射的场所，应选择感烟火灾探测器。
>
> 2 对火灾发展迅速，可产生大量热、烟和火焰辐射的场所，可选择感温火灾探测器、感烟火灾探测器、火焰探测器或其组合。
>
> 3 对火灾发展迅速，有强烈的火焰辐射和少量烟、热的场所，应选择火焰探测器。
>
> 4 对火灾初期有阴燃阶段，且需要早期探测的场所，宜增设一氧化碳火灾探测器。
>
> 5 对使用、生产可燃气体或可燃蒸气的场所，应选择可燃气体探测器。
>
> 6 应根据保护场所可能发生火灾的部位和燃烧材料的分析，以及火灾探测器的类型、灵敏度和响应时间等选择相应的火灾探测器，对火灾形成特征不可预料的场所，可根据模拟试验的结果选择火灾探测器。
>
> 7 同一探测区域内设置多个火灾探测器时，可选择具有复合判断火灾功能的火灾探测器和火灾报警控制器。

5.7.1.1 在顶棚内设置点型探测器

报警联动设施隐患排查应用举例，如表 5-49 所示。

表 5-49 报警联动设施隐患排查应用举例（一）

隐患类型	隐患要素		隐患编号
报警联动设施	当梁突出顶棚的高度超过 600mm,未按规定设置火灾探测器		GB 50116-(2013)-6.2.3(3)-Ⅲ
依据标准	《火灾自动报警系统设计规范》(GB 50116—2013)6.2.3 在有梁的顶棚上设置点型感烟火灾探测器、感温火灾探测器时,应符合下列规定: 3 当梁突出顶棚的高度超过 600mm 时,被梁隔断的每个梁间区域应至少设置一只探测器		
风险等级	整改类型	整改方式	整改措施
中风险 ☑	设计安装 ☑	限期整改 ☑	灭火措施 ☑

5.7.1.2 在走道内设置点型探测器

报警联动设施隐患排查应用举例，如表 5-50 所示。

表 5-50　报警联动设施隐患排查应用举例（二）

隐患类型	隐患要素		隐患编号
报警联动设施	未按规定在宽度小于 3m 的内走道顶棚上设置点型探测器或设置不符合规定		GB 50116-(2013)-6.2.4-Ⅲ
依据标准	《火灾自动报警系统设计规范》(GB 50116—2013)6.2.4　在宽度小于 3m 的内走道顶棚上设置点型探测器时，宜居中布置。感温火灾探测器的安装间距不应超过 10m；感烟火灾探测器的安装间距不应超过 15m；探测器至端墙的距离，不应大于探测器安装间距的 1/2		
风险等级	整改类型	整改方式	整改措施
中风险　☑	设计安装　☑	限期整改　☑	灭火措施　☑

5.7.1.3　在空调送风口边设置点型探测器

报警联动设施隐患排查应用举例，如表 5-51 所示。

表 5-51　报警联动设施隐患排查应用举例（三）

隐患类型	隐患要素		隐患编号
报警联动设施	点型探测器至空调送风口边的水平距离不符合规定		GB 50116-(2013)-6.2.8-Ⅲ
依据标准	《火灾自动报警系统设计规范》(GB 50116—2013)6.2.8　点型探测器至空调送风口边的水平距离不应小于 1.5m，并宜接近回风口安装。探测器至多孔送风顶棚孔口的水平距离不应小于 0.5m		
风险等级	整改类型	整改方式	整改措施
中风险　☑	设计安装　☑	限期整改　☑	灭火措施　☑

5.7.1.4　在镂空吊顶设置点型探测器

报警联动设施隐患排查应用举例，如表 5-52 所示。

表 5-52　报警联动设施隐患排查应用举例（四）

隐患类型	隐患要素		隐患编号
报警联动设施	格栅吊顶场所的镂空面积大于 30% 的，感烟火灾探测器设置在吊顶下方的		GB 50116-(2013)-6.2.18(2)-Ⅲ
依据标准	《火灾自动报警系统设计规范》(GB 50116—2013)6.2.18　感烟火灾探测器在格栅吊顶场所的设置，应符合下列规定： 2　镂空面积与总面积的比例大于 30% 时，探测器应设置在吊顶上方		
风险等级	整改类型	整改方式	整改措施
中风险　☑	设计安装　☑	限期整改　☑	灭火措施　☑

5.7.1.5　线型光束感烟探测器

报警联动设施隐患排查应用举例，如表 5-53 所示。

表 5-53　报警联动设施隐患排查应用举例（五）

隐患类型	隐患要素		隐患编号
报警联动设施	线型光束感烟火灾探测器的设置不符合规定		GB 50116-(2013)-6.2.15-Ⅲ
依据标准	《火灾自动报警系统设计规范》(GB 50116—2013)6.2.15　线型光束感烟火灾探测器的设置应符合下列规定： 1　探测器的光束轴线至顶棚的垂直距离宜为0.3～1.0m，距地高度不宜超过20m。 2　相邻两组探测器的水平距离不应大于14m，探测器至侧墙水平距离不应大于7m，且不应小于0.5m，探测器的发射器和接收器之间的距离不宜超过100m。 3　探测器应设置在固定结构上。 4　探测器的设置应保证其接收端避开日光和人工光源直接照射。 5　选择反射式探测器时，应保证在反射板与探测器间任何部位进行模拟试验时，探测器均能正确响应		
风险等级	整改类型	整改方式	整改措施
中风险　☑	设计安装　☑	限期整改　☑	灭火措施　☑

5.7.1.6　线型感温探测器

报警联动设施隐患排查应用举例，如表5-54所示。

表 5-54　报警联动设施隐患排查应用举例（六）

隐患类型	隐患要素		隐患编号
报警联动设施	线型感温火灾探测器的设置不符合规定		GB 50116-(2013)-6.2.16-Ⅲ
依据标准	《火灾自动报警系统设计规范》(GB 50116—2013)6.2.16　线型感温火灾探测器的设置应符合下列规定： 1　探测器在保护电缆、堆垛等类似保护对象时，应采用接触式布置；在各种皮带输送装置上设置时，宜设置在装置的过热点附近。 2　设置在顶棚下方的线型感温火灾探测器，至顶棚的距离宜为0.1m。探测器的保护半径应符合点型感温火灾探测器的保护半径要求；探测器至墙壁的距离宜为1～1.5m。 3　光栅光纤感温火灾探测器每个光栅的保护面积和保护半径，应符合点型感温火灾探测器的保护面积和保护半径要求。 4　设置线型感温火灾探测器的场所有联动要求时，宜采用两只不同火灾探测器的报警信号组合。 5　与线型感温火灾探测器连接的模块不宜设置在长期潮湿或温度变化较大的场所		
风险等级	整改类型	整改方式	整改措施
中风险　☑	设计安装　☑	限期整改　☑	灭火措施　☑

5.7.1.7　手动火灾报警按钮

报警联动设施隐患排查应用举例，如表5-55所示。

表 5-55　报警联动设施隐患排查应用举例（七）

隐患类型	隐患要素	隐患编号
报警联动设施	手动火灾报警按钮的设置不符合规定	GB 50116-(2013)-6.3.1-Ⅲ

续表

依据标准	《火灾自动报警系统设计规范》(GB 50116—2013)6.3.1 每个防火分区应至少设置一只手动火灾报警按钮。从一个防火分区内的任何位置到最邻近的手动火灾报警按钮的步行距离不应大于30m。手动火灾报警按钮宜设置在疏散通道或出入口处。列车上设置的手动火灾报警按钮,应设置在每节车厢的出入口和中间部位		
条文说明	手动火灾报警按钮应设置距地高度1.3～1.5m		
风险等级	整改类型	整改方式	整改措施
中风险 ☑	设计安装 ☑	限期整改 ☑	灭火措施 ☑

5.7.2 可燃气体报警设施

依据标准《火灾自动报警系统设计规范》(GB 50116—2013)。

8.1.1 可燃气体探测报警系统应由可燃气体报警控制器、可燃气体探测器和火灾声光警报器等组成。

8.1.2 可燃气体探测报警系统应独立组成,可燃气体探测器不应接入火灾报警控制器的探测器回路;当可燃气体的报警信号需接入火灾自动报警系统时,应由可燃气体报警控制器接入。

8.1.3 石化行业涉及过程控制的可燃气体探测器,可按现行国家标准《石油化工可燃气体和有毒气体检测报警设计规范》(GB 50493)的有关规定设置,但其报警信号应接入消防控制室。

8.1.4 可燃气体报警控制器的报警信息和故障信息,应在消防控制室图形显示装置或起集中控制功能的火灾报警控制器上显示,但该类信息与火灾报警信息的显示应有区别。

8.1.5 可燃气体报警控制器发出报警信号时,应能启动保护区域的火灾声光警报器。

8.1.6 可燃气体探测报警系统保护区域内有联动和警报要求时,应由可燃气体报警控制器或消防联动控制器联动实现。

8.1.7 可燃气体探测报警系统设置在有防爆要求的场所时,尚应符合有关防爆要求。

报警联动设施隐患排查应用举例,如表5-56、表5-57所示。

表5-56 报警联动设施隐患排查应用举例(八)

隐患类型	隐患要素	隐患编号
报警联动设施	可燃气体探测器设置位置不符合规定	GB 50116-(2013)-8.2.2-Ⅲ
依据标准	《火灾自动报警系统设计规范》(GB 50116—2013)8.2.2 可燃气体探测器宜设置在可能产生可燃气体部位附近	

续表

条文说明	探测气体密度小于空气密度的可燃气体探测器应设置在被保护空间的顶部，探测气体密度大于空气密度的可燃气体探测器应设置在被保护空间的下部，探测气体密度与空气密度相当时，可燃气体探测器可设置在被保护空间的中间部位或顶部		
风险等级	整改类型	整改方式	整改措施
高风险　☑	设计安装　☑	限期整改　☑	预防措施　☑

表 5-57　报警联动设施隐患排查应用举例（九）

隐患类型	隐患要素		隐患编号
报警联动设施	可燃气体探测器未按规定启动保护区域的火灾声光警报器		GB 50116-(2017)-8. 1. 5-Ⅰ
依据标准	《火灾自动报警系统设计规范》(GB 50116—2013)8. 1. 5　可燃气体报警控制器发出报警信号时，应能启动保护区域的火灾声光警报器		
风险等级	整改类型	整改方式	整改措施
高风险　☑	设计安装　☑	限期整改　☑	预防措施　☑

5.8　灭火器配置

5.8.1　灭火器配置数量

依据标准：《建筑防火通用规范》(GB 55036—2022)。

▲8. 1. 1　建筑应设置与其建筑高度（埋深），体积、面积、长度，火灾危险性，建筑附近的消防力量布置情况，环境条件等相适应的消防给水设施、灭火设施和器材。除地铁区间、综合管廊的燃气舱和住宅建筑套内可不配置灭火器外，建筑内应配置灭火器。

依据标准：《消防设施通用规范》(GB 55036—2022)。

▲10. 0. 3　灭火器配置场所应按计算单元计算与配置灭火器，并应符合下列规定：

1　计算单元中每个灭火器设置点的灭火器配置数量应根据配置场所内的可燃物分布情况确定。所有设置点配置的灭火器灭火级别之和不应小于该计算单元的保护面积与单位灭火级别最大保护面积的比值。

2　一个计算单元内配置的灭火器数量应经计算确定且不应少于 2 具。

依据标准：《建筑灭火器配置设计规范》(GB 50140—2005)。

6. 1. 2　每个设置点的灭火器数量不宜多于 5 具。

6. 1. 3　当住宅楼每层的公共部位建筑面积超过 $100m^2$ 时，应配置 1 具 1A 的手提式灭火器；每增加 $100m^2$ 时，增配 1 具 1A 的手提式灭火器。

灭火器配置隐患排查应用举例，如表 5-58 所示。

表 5-58 灭火器配置隐患排查应用举例（一）（表 6-161）

隐患类型	隐患要素		隐患编号
灭火器配置	灭火器配置数量不符合规定		GB 55036-(2022)-▲10.0.3(2)-Ⅲ
依据标准	《消防设施通用规范》(GB 55036—2022)▲10.0.3 灭火器配置场所应按计算单元计算与配置灭火器，并应符合下列规定： 2 一个计算单元内配置的灭火器数量应经计算确定且不应少于 2 具		
风险等级	整改类型	整改方式	整改措施
中风险 ☑	使用维护 ☑	限期整改 ☑	灭火措施 ☑
表注	▲强制性条文，必须严格执行		

5.8.2 灭火器保护距离

《建筑防火通用规范》(GB 55036—2022)。

> 10.0.2 灭火器设置点的位置和数量应根据被保护对象的情况和灭火器的最大保护距离确定，并应保证最不利点至少在 1 具灭火器的保护范围内。灭火器的最大保护距离和最低配置基准应与配置场所的火灾危险等级相适应。

灭火器配置隐患排查应用举例，如表 5-59 所示。

表 5-59 灭火器配置隐患排查应用举例（二）

隐患类型	隐患要素		隐患编号
灭火器配置	场所的灭火器最大保护距离不符合规定		GB 55036-(2022)-▲10.0.2-Ⅲ
依据标准	《建筑防火通用规范》(GB 55036—2022)▲10.0.2 灭火器设置点的位置和数量应根据被保护对象的情况和灭火器的最大保护距离确定，并应保证最不利点至少在 1 具灭火器的保护范围内。灭火器的最大保护距离和最低配置基准应与配置场所的火灾危险等级相适应		
风险等级	整改类型	整改方式	整改措施
中风险 ☑	使用维护 ☑	限期整改 ☑	灭火措施 ☑
表注	▲强制性条文，必须严格执行		

5.8.3 灭火器检查

灭火器配置隐患排查应用举例，如表 5-60 所示。

表 5-60　灭火器配置隐患排查应用举例（三）

<table>
<tr><td>隐患类型</td><td colspan="2">隐患要素</td><td>隐患编号</td></tr>
<tr><td>灭火器配置</td><td colspan="2">灭火器检查不符合规定</td><td>GB 50444-(2008)-5.2.1-Ⅲ</td></tr>
<tr><td>依据标准</td><td colspan="3">《建筑灭火器配置验收及检查规范》(GB 50444—2008)5.2.1　灭火器的配置、外观等应按附录C的要求每月进行一次检查。
5.2.2 下列场所配置的灭火器，应按附录C的要求每半月进行一次检查。
1　候车(机、船)室、歌舞娱乐放映游艺等人员密集的公共场所；
2　堆场、罐区、石油化工装置区、加油站、锅炉房、地下室等场所</td></tr>
<tr><td>风险等级</td><td>整改类型</td><td>整改方式</td><td>整改措施</td></tr>
<tr><td>中风险　☑</td><td>使用维护　☑</td><td>限期整改　☑</td><td>灭火措施　☑</td></tr>
</table>

5.8.4　灭火器维修期限

灭火器配置隐患排查应用举例，如表 5-61 所示。

表 5-61　灭火器配置隐患排查应用举例（四）

<table>
<tr><td>隐患类型</td><td colspan="2">隐患要素</td><td>隐患编号</td></tr>
<tr><td>建筑灭火器</td><td colspan="2">灭火器达到维修期限未规定维修</td><td>GB 50444-(2008)-5.3.2-Ⅲ</td></tr>
<tr><td>依据标准</td><td colspan="3">《建筑灭火器配置验收及检查规范》(GB 50444—2008)5.3.2　灭火器的维修期限应符合表5.3.2的规定。

表 5.3.2　灭火器的维修期限
<table>
<tr><td colspan="2">灭火器类型</td><td>维修期限</td></tr>
<tr><td rowspan="2">水基型灭火器</td><td>手提式水基型灭火器</td><td rowspan="2">出厂期满 3 年；
首次维修以后每满 1 年</td></tr>
<tr><td>推车式水基型灭火器</td></tr>
<tr><td rowspan="4">干粉灭火器</td><td>手提式(贮压式)干粉灭火器</td><td rowspan="8">出厂期满 5 年；
首次维修以后每满 2 年</td></tr>
<tr><td>手提式(储气瓶式)干粉灭火器</td></tr>
<tr><td>推车式(贮压式)干粉灭火器</td></tr>
<tr><td>推车式(储气瓶式)干粉灭火器</td></tr>
<tr><td rowspan="2">洁净气体灭火器</td><td>手提式洁净气体灭火器</td></tr>
<tr><td>推车式洁净气体灭火器</td></tr>
<tr><td rowspan="2">二氧化碳灭火器</td><td>手提式二氧化碳灭火器</td></tr>
<tr><td>推车式二氧化碳灭火器</td></tr>
</table></td></tr>
<tr><td>风险等级</td><td>整改类型</td><td>整改方式</td><td>整改措施</td></tr>
<tr><td>中风险　☑</td><td>使用维护　☑
综合管理　☑</td><td>限期整改　☑</td><td>灭火措施　☑</td></tr>
</table>

5.8.5　灭火器报废期限

依据标准：《消防设施通用规范》(GB 55036—2022)。

▲10.0.8　符合下列情形之一的灭火器应报废：

1　筒体锈蚀面积大于或等于筒体总表面积的 1/3，表面有凹坑；

2　筒体明显变形，机械损伤严重；

3　器头存在裂纹、无泄压机构；

4　存在筒体为平底等结构不合理现象；

5　没有间歇喷射机构的手提式灭火器；

6　不能确认生产单位名称和出厂时间，包括铭牌脱落，铭牌模糊、不能分辨生产单位名称，出厂时间钢印无法识别等；

7　筒体有锡焊、铜焊或补缀等修补痕迹；

8　被火烧过；

9　出厂时间达到或超过表 10.0.8 规定的最大报废期限。

表 10.0.8　灭火器的最大报废期限

灭火器类型		报废期限(年)
手提式、推车式	水基型灭火器	6
	干粉灭火器	10
	洁净气体灭火器	
	二氧化碳灭火器	12

灭火器配置隐患排查应用举例，如表 5-62 所示。

表 5-62　灭火器配置隐患排查应用举例（五）

<table>
<tr><td>隐患类型</td><td colspan="2">隐患要素</td><td>隐患编号</td></tr>
<tr><td>灭火器配置</td><td colspan="2">灭火器超过报废期限未按规定报废</td><td>GB 55036-(2022)-▲10.0.8-Ⅲ</td></tr>
<tr><td>依据标准</td><td colspan="3">《消防设施通用规范》(GB 55036—2022)▲10.0.8
表 10.0.8　灭火器的最大报废期限
<table>
<tr><td colspan="2">灭火器类型</td><td>报废期限(年)</td></tr>
<tr><td rowspan="4">手提式、推车式</td><td>水基型灭火器</td><td>6</td></tr>
<tr><td>干粉灭火器</td><td rowspan="2">10</td></tr>
<tr><td>洁净气体灭火器</td></tr>
<tr><td>二氧化碳灭火器</td><td>12</td></tr>
</table></td></tr>
<tr><td>风险等级</td><td>整改类型</td><td>整改方式</td><td>整改措施</td></tr>
<tr><td>中风险　☑</td><td>使用维护　☑</td><td>限期整改　☑</td><td>灭火措施　☑</td></tr>
<tr><td>表注</td><td colspan="3">▲强制性条文，必须严格执行</td></tr>
</table>

第6章 消防设备用房隐患排查

消防设备房是指专门放置消防设备的建筑物，其主要作用是存放或安装各种消防设备，以配合消防系统的正常运行。消防设备房的建设对于保障公共安全、预防火灾事故、保障人民生命财产安全起到了十分重要的作用。消防设备房一般由房屋本体、消防水池、消防水泵房、消防设备控制室、高位消防水箱、消防设备维修间等构成。房屋本体是消防设备房的主要组成部分，其结构应符合国家建筑标准，采用钢筋混凝土为主要建筑材料，同时墙体应达到一定的耐火等级，以确保消防设备房在火灾时不易受损；消防水池是储存消防用水的地下水池，其容积应符合当地消防部门的要求，可提供充足的水源供给。消防水池应选用防渗漏性能好的材料进行构建，以确保水池内不会出现渗漏情况；消防水泵房是储存消防用水的设备房，其内部含有消防水泵、喷淋水泵、消防药剂泵等。消防水泵房应建在地势低且易于供水的地方，并且要考虑到维修和保养的方便；消防设备控制室是对消防系统进行监测、控制和记录的地方，其配有各种消防设备监测器、控制器、报警器等。消防设备控制室的设备应配备完善，并能够实时监测并响应火灾后的应急救援。本章主要从建筑（房屋本体）防火要求、消防控制室、消防水泵房、消防水池、高位消防水箱、消防联动设备编制了企业消防设备用房隐患排查。

6.1 消防设备用房

6.1.1 消防控制室建筑防火

依据标准：《建筑防火通用规范》（GB 55037—2022）。

▲4.1.8 消防控制室的布置和防火分隔应符合下列规定： 1 单独建造的消防控制室，耐火等级不应低于二级； 2 附设在建筑内的消防控制室应采用防火门、防火窗、耐火极限不低于 2.00h 的防火隔墙和耐火极限不低于 1.50h 的楼板与其他部位分隔；

3　消防控制室应位于建筑的首层或地下一层，疏散门应直通室外或安全出口；

4　消防控制室的环境条件不应干扰或影响消防控制室内火灾报警与控制设备的正常运行；

5　消防控制室内不应敷设或穿过与消防控制室无关的管线；

6　消防控制室应采取防水淹、防潮、防啮齿动物等的措施。

▲6.5.4　消防控制室地面装修材料的燃烧性能不应低于 B_1 级，顶棚和墙面内部装修材料的燃烧性能均应为A级。

依据标准：《建筑设计防火规范》[GB 50016—2014（2018年版）]。

8.1.7　设置火灾自动报警系统和需要联动控制消防设备的建筑（群）应设置消防控制室。消防控制室的设置应符合下列规定：

2　附设在建筑内的消防控制室，宜设置在建筑内首层或地下一层，并宜布置在靠外墙部位；

5　消防控制室内的设备构成及其对建筑消防设施的控制与显示功能以及向远程监控系统传输相关信息的功能，应符合现行国家标准《火灾自动报警系统设计规范》（GB 50116）和《消防控制室通用技术要求》（GB 25506）的规定。

消防控制室隐患排查应用举例，如表6-1所示。

表6-1　消防控制室隐患排查应用举例（一）

隐患类型	隐患要素		隐患编号
消防控制室	单独建造的消防控制室其建筑耐火等级不符合规定		GB 55037-(2022)-▲4.1.8(1)-V
依据标准	《建筑防火通用规范》(GB 55037—2022)▲4.1.8　消防控制室的布置和防火分隔应符合下列规定： 1　单独建造的消防控制室，耐火等级不应低于二级		
风险等级	整改类型	整改方式	整改措施
中风险　☑	使用维护　☑	限期整改　☑	管理措施　☑
表注	▲强制性条文，必须严格执行		

6.1.2　消防水泵房建筑防火

依据标准：《建筑防火通用规范》(GB 55037—2022)。

▲4.1.7　消防水泵房的布置和防火分隔应符合下列规定：

1　单独建造的消防水泵房，耐火等级不应低于二级；

2　附设在建筑内的消防水泵房应采用防火门、防火窗、耐火极限不低于2.00h的防火隔墙和耐火极限不低于1.50h的楼板与其他部位分隔；

3　除地铁工程、水利水电工程和其他特殊工程中的地下消防水泵房可根据工程要求确定其设置楼层外，其他建筑中的消防水泵房不应设置在建筑的地下三层及以下楼层； 4　消防水泵房的疏散门应直通室外或安全出口； 5　消防水泵房的室内环境温度不应低于 5℃； 6　消防水泵房应采取防水淹等的措施。

依据标准：《消防给水及消火栓系统技术规范》(GB 50974—2014)。

5.5.12　消防水泵房应符合下列规定： 3　附设在建筑物内的消防水泵房，应采用耐火极限不低于 2.0h 的隔墙和 1.50h 的楼板与其他部位隔开，其疏散门应直通安全出口，且开向疏散走道的门应采用甲级防火门。

消防水泵房隐患排查应用举例，如表 6-2、表 6-3 所示。

表 6-2　消防水泵房隐患排查应用举例（一）

隐患类型	隐患要素		隐患编号
消防水泵房	消防水泵房设置层数不符合规定		GB 55037-(2022)-▲4.1.7(3)-V
依据标准	《建筑防火通用规范》(GB 55037—2022)▲4.1.7　消防水泵房的布置和防火分隔应符合下列规定： 3　除地铁工程、水利水电工程和其他特殊工程中的地下消防水泵房可根据工程要求确定其设置楼层外，其他建筑中的消防水泵房不应设置在建筑的地下三层及以下楼层		
风险等级	整改类型	整改方式	整改措施
中风险　☑	使用维护　☑	限期整改　☑	管理措施　☑
表注	▲强制性条文，必须严格执行		

表 6-3　消防水泵房隐患排查应用举例（二）

隐患类型	隐患要素		隐患编号
消防水泵房	附设在建筑物内的消防水泵房与其他部位的防火分隔设施不符合规定		GB 55037-(2022)-▲4.1.7(2)-V
依据标准	《建筑防火通用规范》(GB 55037—2022)▲4.1.7　消防水泵房的布置和防火分隔应符合下列规定： 1　单独建造的消防水泵房，耐火等级不应低于二级； 2　附设在建筑内的消防水泵房应采用防火门、防火窗、耐火极限不低于 2.00h 的防火隔墙和耐火极限不低于 1.50h 的楼板与其他部位分隔		
条文说明	消防水泵房与生活、生产用水泵房等采取防火分隔设施		
风险等级	整改类型	整改方式	整改措施
中风险　☑	使用维护　☑	限期整改　☑	管理措施　☑
表注	▲强制性条文，必须严格执行		

6.2 消防控制室

消防控制室隐患排查，主要包括：消防控制室设备布置、消防值班人员持证上岗、消防值班人员值班记录、消防值班人员处置程序、消防纸质和电子资料、消防值班电话、消防备用照明等。

6.2.1 消防控制室设备布置

依据标准：《火灾自动报警系统设计规范》(GB 50116—2013)。

3.4.8 消防控制室内设备的布置应符合下列规定：

1 设备面盘前的操作距离，单列布置时不应小于 1.5m；双列布置时不应小于 2m。

2 在值班人员经常工作的一面，设备面盘至墙的距离不应小于 3m。

3 设备面盘后的维修距离不宜小于 1m。

4 设备面盘的排列长度大于 4m 时，其两端应设置宽度不小于 1m 的通道。

5 与建筑其他弱电系统合用的消防控制室内，消防设备应集中设置，并应与其他设备间有明显间隔。

消防控制室隐患排查应用举例，如表 6-4 所示。

表 6-4 消防控制室隐患排查应用举例（二）

隐患类型	隐患要素		隐患编号
消防控制室	消防控制室值班人员工作面设备面盘至墙的距离不符合规定		GB 50116-(2013)-3.4.8(2)-V
依据标准	《火灾自动报警系统设计规范》(GB 50116—2013)3.4.8 在值班人员经常工作的一面，设备面盘至墙的距离不应小于 3m		
条文说明	除以上设备面盘至墙面的距离外，加上检修距离 1m，加上两个控制柜距离，消防控制室建筑面积通常不小于 $10m^2$ 为宜		
风险等级	整改类型	整改方式	整改措施
中风险 ☑	使用维护 ☑	限期整改 ☑	管理措施 ☑

6.2.2 消防控制室设置外线电话

依据标准：《火灾自动报警系统设计规范》(GB 50116—2013)。

3.4.3 消防控制室应设有用于火灾报警的外线电话。

3.4.5 消防控制室送、回风管的穿墙处应设防火阀。

3.4.6 消防控制室内严禁穿过与消防设施无关的电气线路及管路。

3.4.7 消防控制室不应设置在电磁场干扰较强及其他影响消防控制室设备工作的设备用房附近。

消防控制室隐患排查应用举例，如表6-5所示。

表6-5 消防控制室隐患排查应用举例（三）

隐患类型	隐患要素		隐患编号
消防控制室	消防控制室未设置用于火灾报警的外线电话		GB 50116-(2013)-3.4.3-Ⅴ
依据标准	《火灾自动报警系统设计规范》(GB 50116—2013)3.4.3 消防控制室应设有用于火灾报警的外线电话		
条文说明	消防控制室应设有用于火灾报警的外线电话，以便于确认火灾后及时向消防队报警		
风险等级	整改类型	整改方式	整改措施
中风险 ☑	使用维护 ☑	限期整改 ☑	管理措施 ☑

6.2.3 消防控制室持证上岗

根据人力资源社会保障部办公厅、应急管理部办公厅印发的国家职业技能标准2021版《消防设施操作员》（职业编码：4-07-05-04）文件要求，持初级（五级）消防设施操作员可以监控、操作不具备联动功能的区域火灾自动报警系统；持中级及以上（四级以上）消防设施操作员可以监控、操作具备联动功能的火灾自动报警系统。

《消防法》第二十一条 进行电焊、气焊等具有火灾危险作业的人员和自动消防系统的操作人员，必须持证上岗，并遵守消防安全操作规程。

第六十七条 机关、团体、企业、事业等单位违反本法第十六条、第十七条、第十八条、第二十一条第二款规定的，责令限期改正；逾期不改正的，对其直接负责的主管人员和其他直接责任人员依法给予处分或者给予警告处罚。

《高层民用建筑消防安全管理规定》第四十七条：对未按照规定落实消防控制室值班制度，或者安排不具备相应条件的人值班的，对于经营性单位和个人处2000元以上，10000元以下罚款。

消防控制室隐患排查应用举例，如表6-6所示。

表6-6 消防控制室隐患排查应用举例（四）

隐患类型	隐患要素	隐患编号
消防控制室	消防控制室值班人员未按规定持证上岗	GB 25506-(2010)-▲4.2.1-Ⅴ
依据标准1	《消防控制室通用技术要求》(GB 25506—2010)▲4.2.1 消防控制室管理应符合下列要求： a)应实行每日24h专人值班制度，每班不应少于2人，值班人员应持有消防控制室操作职业资格证书； b)消防设施日常维护管理应符合GB 25201的要求； c)应确保火灾自动报警系统、灭火系统和其他联动控制设备处于正常工作状态，不得将应处于自动状态的设在手动状态； d)应确保高位消防水箱、消防水池、气压水罐等消防储水设施水量充足，确保消防泵出水管阀门、自动喷水灭火系统管道上的阀门常开；确保消防水泵、防排烟风机、防火卷帘等消防用电设备的配电柜启动开关处于自动位置(通电状态)	

续表

依据标准 2	《建筑消防设施的维护管理》(GB 25201—2010)▲5.2　消防控制室值班时间和人员应符合以下要求： a)实行每日24h值班制度。值班人员应通过消防行业特有工种职业技能鉴定，持有初级技能以上等级的职业资格证书。 b)每班工作时间应不大于8h，每班人员应不少于2人，值班人员对火灾报警控制器进行日检查、接班、交班时，应填写《消防控制室值班记录表》(见表A.1)的相关内容。值班期间每2h记录一次消防控制室内消防设备的运行情况，及时记录消防控制室内消防设备的火警或故障情况。 c)正常工作状态下，不应将自动喷水灭火系统、防烟排烟系统和联动控制的防火卷帘等防火分隔设施设置在手动控制状态。其他消防设施及其相关设备如设置在手动状态时，应有在火灾情况下迅速将手动控制转换为自动控制的可靠措施
依据标准 3	《消防安全责任制实施办法》(国办发〔2017〕87号)第十五条　机关、团体、企业、事业等单位应当落实消防安全主体责任，履行下列职责： (三)按照相关标准配备消防设施、器材，设置消防安全标志，定期检验维修，对建筑消防设施每年至少进行一次全面检测，确保完好有效。 设有消防控制室的，实行24小时值班制度，每班不少于2人，并持证上岗
依据标准 4	消防救援局关于贯彻施行国家职业技能标准《消防设施操作员》的通知(应急消[2019]154号) 二、监控、操作设有联动控制设备的消防控制室和从事消防设施检测维修保养的人员，应持中级(四级)及以上等级证书
依据标准 5	若该消防控制室控制建筑为高层建筑，且为联动性火灾自动报警系统，《高层民用建筑消防安全管理规定》第四十七条：对未按照规定落实消防控制室值班制度，或者安排不具备相应条件的人值班的，对于经营性单位和个人处2000元以上，10000元以下罚款
条文说明	以上规定，均要求消防控制室值班人员须持证上岗，且持有中级(四级)及以上等级证书，以最新规定为准

风险等级	整改类型	整改方式	整改措施
中风险　☑	使用维护　☑	限期整改　☑	管理措施　☑
表注	1.该条款与消防安全主体责任为捆绑责任，违反该规定消防主体责任人连坐 2.▲强制性条文，必须严格试行		

6.2.4 消防控制室值班人员处置程序

依据标准：《消防控制室通用技术要求》(GB 25506—2010)、《建筑消防设施的维护管理》(GB 25201—2010) 等。

消防控制室隐患排查应用举例，如表6-7所示。

表6-7　消防控制室隐患排查应用举例（五）

隐患类型	隐患要素	隐患编号
消防控制室	消防控制室值班人员未按规定实施应急程序	GB 25506-(2010)-▲4.2.2-V
依据标准 1	《消防控制室通用技术要求》(GB 25506—2010)▲4.2.2　消防控制室的值班应急程序应符合下列要求： a)接到火灾警报后，值班人员应立即以最快方式确认； b)火灾确认后，值班人员应立即确认火灾报警联动控制开关处于自动状态，同时拨打"119"报警，报警时应说明着火单位地点、起火部位、着火物种类、火势大小、报警人姓名和联系电话； c)值班人员应立即启动单位内部应急疏散和灭火预案，并同时报告单位负责人	

续表

依据标准 2	《建筑消防设施的维护管理》(GB 25201—2010)5.3　消防控制室值班人员接到报警信号后，应按下列程序进行处理： a)接到火灾报警信息后，应以最快方式确认。 b)确认属于误报时，查找误报原因并填写《建筑消防设施故障维修记录表》(见表 B.1)。 c)火灾确认后，立即将火灾报警联动控制开关转入自动状态(处于自动状态的除外)，同时拨打“119”火警电话报警。 d)立即启动单位内部灭火和应急疏散预案，同时报告单位消防安全责任人。单位消防安全责任人接到报告后应立即赶赴现场
条文说明	该程序按五个方面进行处置：接警跑点确认、火警手转自动、报打 119 电话、启动应急预案、报告单位领导。以上五个方面缺一不可，顺序不能颠倒。 涉及数字采用军用数字读法：0 读洞；1 读妖；2 读两；3 读三；4 读四；5 读五；6 读六；7 读拐；8 读八；9 读勾。如 119(读作妖妖勾)、120(读作妖两洞)、007(读作洞洞拐)等

风险等级	整改类型	整改方式	整改措施
中风险　☑	使用维护　☑	限期整改　☑	管理措施　☑
表注	▲强制性条文，必须严格执行		

6.2.5　消防控制室档案资料

依据标准：《消防控制室通用技术要求》(GB 25506—2010)。

> 消防控制室内应保存下列纸质和电子档案资料：
>
> a）建（构）筑物竣工后的总平面布局图、建筑消防设施平面布置图、建筑消防设施系统图及安全出口布置图、重点部位位置图等；
>
> b）消防安全管理规章制度、应急灭火预案、应急疏散预案等；
>
> c）消防安全组织结构图，包括消防安全责任人、管理人、专职、义务消防人员等内容；
>
> d）消防安全培训记录、灭火和应急疏散预案的演练记录；
>
> e）值班情况、消防安全检查情况及巡查情况的记录；
>
> f）消防设施一览表，包括消防设施的类型、数量、状态等内容；
>
> g）消防系统控制逻辑关系说明、设备使用说明书、系统操作规程、系统和设备维护保养制度等；
>
> h）设备运行状况、接报警记录、火灾处理情况、设备检修检测报告等资料，这些资料应能定期保存和归档。

6.2.6　消防控制室值班记录

依据标准：《建筑消防设施的维护管理》(GB 25201—2010)。

5.2　消防控制室值班时间和人员应符合以下要求：

a）实行每日24h值班制度。值班人员应通过消防行业特有工种职业技能鉴定，持有初级技能以上等级的职业资格证书。

b）每班工作时间应不大于8h，每班人员应不少于2人，值班人员对火灾报警控制器进行日检查、接班、交班时，应填写《消防控制室值班记录表》（见表A.1）的相关内容。值班期间每2h记录一次消防控制室内消防设备的运行情况，及时记录消防控制室内消防设备的火警或故障情况。

c）正常工作状态下，不应将自动喷水灭火系统、防烟排烟系统和联动控制的防火卷帘等防火分隔设施设置在手动控制状态。其他消防设施及其相关设备如设置在手动状态时，应有在火灾情况下迅速将手动控制转换为自动控制的可靠措施。

消防控制室隐患排查应用举例，如表6-8所示。

表6-8　消防控制室隐患排查应用举例（六）

隐患类型	隐患要素		隐患编号
控制室用房	消防控制室值班人员未按规定填写值班记录		GB 25201-(2010)-▲5.2(b)-Ⅴ
依据标准	《建筑消防设施的维护管理》(GB 25201—2010)▲5.2　消防控制室值班时间和人员应符合以下要求： b)每班工作时间应不大于8h,每班人员应不少于2人,值班人员对火灾报警控制器进行日检查、接班、交班时,应填写《消防控制室值班记录表》(见表A.1)的相关内容。值班期间每2h记录一次消防控制室内消防设备的运行情况,及时记录消防控制室内消防设备的火警或故障情况		
风险等级	整改类型	整改方式	整改措施
中风险　☑	使用维护　☑	限期整改　☑	管理措施　☑
表注	▲为强制条文,必须严格执行		

6.2.7　消防控制室水泵控制

消防控制室隐患排查应用举例，如表6-9所示。

表6-9　消防控制室隐患排查应用举例（七）

隐患类型	隐患要素		隐患编号
消防控制室	消防控制室未按规定设置与消防水泵、消防水池、高位消防水箱等控制和显示运行状态的功能		GB 50974-(2014)-11.0.7-Ⅲ
依据标准	《消防给水及消火栓系统技术规范》(GB 50974—2014)11.0.7　消防控制室或值班室,应具有下列控制和显示功能： 1　消防控制柜或控制盘应设置专用线路连接的手动直接启泵按钮； 2　消防控制柜或控制盘应能显示消防水泵和稳压泵的运行状态； 3　消防控制柜或控制盘应能显示消防水池、高位消防水箱等水源的高水位、低水位报警信号,以及正常水位		
风险等级	整改类型	整改方式	整改措施
中风险　☑	使用维护　☑	限期整改　☑	管理措施　☑

6.3 消防水泵房

消防水泵房隐患排查，主要包括：水泵房室内温度、水泵房室内通风设施、水泵房室内排水设施、水泵房备用照明、水泵控制柜开关状态、水泵控制柜 IP 防护等级。

6.3.1 消防水泵房采暖通风

依据标准：《建筑防火通用规范》(GB 55036—2022)。

> ▲4.1.7　消防水泵房的布置和防火分隔应符合下列规定：
> 5　消防水泵房的室内环境温度不应低于 5℃；

依据标准：《消防给水及消火栓系统技术规范》(GB 50974—2014)。

> 5.5.9　消防水泵房的设计应根据具体情况设计相应的采暖、通风和排水设施，并应符合下列规定：
> 2　消防水泵房的通风宜按 6 次/h 设计；
> 3 消防水泵房应设置排水设施。

消防水泵房隐患排查应用举例，如表 6-10 所示。

表 6-10　消防水泵房隐患排查应用举例（三）

隐患类型	隐患要素		隐患编号
消防水泵房	消防水泵房采暖温度不符合规定		GB 55036-(2022)-▲4.1.7(5)-V
依据标准	《建筑防火通用规范》(GB 55036—2022)▲4.1.7　消防水泵房的布置和防火分隔应符合下列规定： 5　消防水泵房的室内环境温度不应低于 5℃		
风险等级	整改类型	整改方式	整改措施
中风险　☑	使用维护　☑	限期整改　☑	管理措施　☑
表注	▲强制性条文，必须严格执行		

6.3.2 水泵控制柜开关状态

依据标准：《消防设施通用规范》(GB 55036—2022)。

> ▲3.0.12　消防水泵控制柜应位于消防水泵控制室或消防水泵房内，其性能应符合下列规定：
> 1　消防水泵控制柜位于消防水泵控制室内时，其防护等级不应低于 IP30；位于消防水泵房内时，其防护等级不应低于 IP55。

> 2　消防水泵控制柜在平时应使消防水泵处于自动启泵状态。
> 3　消防水泵控制柜应具有机械应急启泵功能，且机械应急启泵时，消防水泵应能在接受火警后 5min 内进入正常运行状态。

消防水泵房隐患排查应用举例，如表 6-11 所示。

表 6-11　消防水泵房隐患排查应用举例（四）

隐患类型	隐患要素		隐患编号
消防水泵房	消防水泵房控制柜未使消防水泵处于启泵状态		GB 55036-(2022)-▲3.0.12(2)-V
依据标准	《消防设施通用规范》(GB 55036—2022)▲3.0.12　消防水泵控制柜应位于消防水泵控制室或消防水泵房内，其性能应符合下列规定： 2　消防水泵控制柜在平时应使消防水泵处于自动启泵状态		
条文说明	控制柜在准工作状态时消防水泵应处于自动启泵状态，目的是提高消防给水的可靠性和灭火的成功率		
风险等级	整改类型	整改方式	整改措施
中风险　☑	使用维护类　☑	限期整改　☑	管理措施　☑
表注	▲强制性条文，必须严格执行		

6.3.3　水泵控制柜 IP 防护等级

消防水泵房隐患排查应用举例，如表 6-12 所示。

表 6-12　消防水泵房隐患排查应用举例（五）

隐患类型	隐患要素		隐患编号
消防水泵房	消防水泵房控制柜 IP 防护等级不符合规定		GB 55036-(2022)-▲3.0.12(1)-V
依据标准	《消防设施通用规范》(GB 55036—2022)▲3.0.12　消防水泵控制柜应位于消防水泵控制室或消防水泵房内，其性能应符合下列规定： 1　消防水泵控制柜位于消防水泵控制室内时，其防护等级不应低于 IP30；位于消防水泵房内时，其防护等级不应低于 IP55		
风险等级	整改类型	整改方式	整改措施
中风险　☑	使用维护类　☑	限期整改　☑	管理措施　☑
表注	▲强制性条文，必须严格执行		

6.3.4　消防水泵房备用照明

消防水泵房隐患排查应用举例，如表 6-13 所示。

表 6-13　消防水泵房隐患排查应用举例（六）

隐患类型	隐患要素		隐患编号
消防水泵房	消防水泵房未按规定设置备用照明或不符合规定		GB 55036-(2022)-▲10.1.11-V
依据标准	《消防设施通用规范》(GB 55036—2022)▲10.1.11　消防控制室、消防水泵房、自备发电机房、配电室、防排烟机房以及发生火灾时仍需正常工作的消防设备房应设置备用照明，其作业面的最低照度不应低于正常照明的照度		
条文说明	在建筑发生火灾时继续保持正常工作的部位，故消防应急照明的照度值仍应保证正常照明的照度要求		
风险等级	整改类型	整改方式	整改措施
中风险 ☑	使用维护类 ☑	限期整改 ☑	管理措施 ☑
表注	▲强制性条文，必须严格执行		

6.3.5　消防水泵房消防电话

依据标准：《火灾自动报警系统设计规范》(GB 50116—2013)。

> 6.7.4　电话分机或电话插孔的设置，应符合下列规定：
>
> 1　消防水泵房、发电机房、配变电室、计算机网络机房、主要通风和空调机房、防排烟机房、灭火控制系统操作装置处或控制室、企业消防站、消防值班室、总调度室、消防电梯机房及其他与消防联动控制有关的且经常有人值班的机房应设置消防专用电话分机。消防专用电话分机，应固定安装在明显且便于使用的部位，并应有区别于普通电话的标识。
>
> 2　设有手动火灾报警按钮或消火栓按钮等处，宜设置电话插孔，并宜选择带有电话插孔的手动火灾报警按钮。
>
> 3　各避难层应每隔 20m 设置一个消防专用电话分机或电话插孔。
>
> 4　电话插孔在墙上安装时，其底边距地面高度宜为 1.3～1.5m。

消防水泵房隐患排查应用举例，如表 6-14 所示。

表 6-14　消防水泵房隐患排查应用举例（七）

隐患类型	隐患要素	隐患编号
消防水泵房	消防水泵房未按规定设置消防分机或电话插孔	GB 50116-(2013)-6.7.4-V
依据标准	《火灾自动报警系统设计规范》(GB 50116—2013)6.7.4　电话分机或电话插孔的设置，应符合下列规定： 1　消防水泵房、发电机房、配变电室、计算机网络机房、主要通风和空调机房、防排烟机房、灭火控制系统操作装置处或控制室、企业消防站、消防值班室、总调度室、消防电梯机房及其他与消防联动控制有关的且经常有人值班的机房应设置消防专用电话分机。消防专用电话分机，应固定安装在明显且便于使用的部位，并应有区别于普通电话的标识	
条文说明	这些部位设置电话分机或电话插孔，以确保通信畅通无阻和消防作业的正常进行	

续表

风险等级	整改类型	整改方式	整改措施
中风险 ☑	使用维护类 ☑	限期整改 ☑	管理措施 ☑

6.4 消防水池

消防水池隐患排查，主要包括消防水池有效容积、消防水池水位显示、消防水池通气管、高位消防水箱等隐患排查。

6.4.1 消防水池有效容积

依据标准：《消防给水及消火栓系统技术规范》(GB 50974—2014)。

> 4.3.2 消防水池有效容积的计算应符合下列规定：
>
> 1 当市政给水管网能保证室外消防给水设计流量时，消防水池的有效容积应满足在火灾延续时间内室内消防用水量的要求；
>
> 2 当市政给水管网不能保证室外消防给水设计流量时，消防水池的有效容积应满足火灾延续时间内室内消防用水量和室外消防用水量不足部分之和的要求。
>
> 4.3.3 消防水池的给水管应根据其有效容积和补水时间确定，补水时间不宜大于48h，但当消防水池有效总容积大于2000m^3时，不应大于96h。消防水池进水管管径应计算确定，且不应小于DN100。
>
> ▲4.3.4 当消防水池采用两路消防供水且在火灾情况下连续补水能满足消防要求时，消防水池的有效容积应根据计算确定，但不应小于100m^3，当仅设有消火栓系统时不应小于50m^3。
>
> 4.3.6 消防水池的总蓄水有效容积大于500m^3时，宜设两格能独立使用的消防水池；当大于1000m^3时，应设置能独立使用的两座消防水池。每格（或座）消防水池应设置独立的出水管，并应设置满足最低有效水位的连通管，且其管径应能满足消防给水设计流量的要求。

依据标准：《消防设施通用规范》(GB 55036—2022)。

> ▲3.0.8 消防水池应符合下列规定：
>
> 1 消防水池的有效容积应满足设计持续供水时间内的消防用水量要求，当消防水池采用两路消防供水且在火灾中连续补水能满足消防用水量要求时，在仅设置室内消火栓系统的情况下，有效容积应大于或等于50m^3，其他情况下应大于或等于100m^3；
>
> 2 消防用水与其他用水共用的水池，应采取保证水池中的消防用水量不作他用的技术措施；

3　消防水池的出水管应保证消防水池有效容积内的水能被全部利用，水池的最低有效水位或消防水泵吸水口的淹没深度应满足消防水泵在最低水位运行安全和实现设计出水量的要求；

4　消防水池的水位应能就地和在消防控制室显示，消防水池应设置高低水位报警装置；

5　消防水池应设置溢流水管和排水设施，并应采用间接排水。

消防水池隐患排查应用举例，如表 6-15 所示。

表 6-15　消防水池隐患排查应用举例（一）

隐患类型	隐患要素		隐患编号
消防水池	消防水池有效容积不符合规定		GB 55036-(2022)-▲3.0.8(1)-Ⅲ
依据标准	《消防设施通用规范》(GB 55036—2022)▲3.0.8　消防水池应符合下列规定： 1　消防水池的有效容积应满足设计持续供水时间内的消防用水量要求，当消防水池采用两路消防供水且在火灾中连续补水能满足消防用水量要求时，在仅设置室内消火栓系统的情况下，有效容积应大于或等于 $50m^3$，其他情况下应大于或等于 $100m^3$		
风险等级	整改类型	整改方式	整改措施
中风险　☑	使用维护类　☑	限期整改　☑	灭火措施　☑
表注	▲强制性条文，必须严格执行		

6.4.2　消防水池水位显示

消防水池隐患排查应用举例，如表 6-16 所示。

表 6-16　消防水池隐患排查应用举例（二）

隐患类型	隐患要素		隐患编号
消防水池	消防水池水位装置不符合规定		GB 55036-(2022)-▲3.0.8(4)-Ⅲ
依据标准	《消防设施通用规范》(GB 55036—2022)▲3.0.8　消防水池应符合下列规定： 4　消防水池的水位应能就地和在消防控制室显示，消防水池应设置高低水位报警装置		
风险等级	整改类型	整改方式	整改措施
中风险　☑	使用维护类　☑	限期整改　☑	灭火措施　☑
表注	▲强制性条文，必须严格执行		

6.4.3　消防水池通气管

依据标准：《消防给水及消火栓系统技术规范》(GB 50974—2014)。

4.3.10　消防水池的通气管和呼吸管等应符合下列规定：

1　消防水池应设置通气管；

2　消防水池通气管、呼吸管和溢流水管等应采取防止虫鼠等进入消防水池的技术措施。

消防水池隐患排查应用举例，如表 6-17 所示。

表 6-17 消防水池隐患排查应用举例（三）

隐患类型	隐患要素		隐患编号
消防水池	消防水池未设置通气管或通气管未采取防止虫鼠等进入消防水池的技术措施		GB 50974-(2014)-4.3.10-Ⅲ
依据标准	《消防给水及消火栓系统技术规范》(GB 50974—2014)4.3.10 消防水池的通气管和呼吸管等应符合下列规定： 1 消防水池应设置通气管； 2 消防水池通气管、呼吸管和溢流水管等应采取防止虫鼠等进入消防水池的技术措施		
条文说明	消防水池不设置呼吸器或通气管影响水流畅通		
风险等级	整改类型	整改方式	整改措施
中风险 ☑	使用维护类 ☑	限期整改 ☑	灭火措施 ☑

6.5 高位消防水箱

6.5.1 高位消防水箱有效容积

依据标准：《消防给水及消火栓系统技术规范》(GB 50974—2014)。

5.2.1 临时高压消防给水系统的高位消防水箱的有效容积应满足初期火灾消防用水量的要求，并应符合下列规定：

1 一类高层公共建筑，不应小于 $36m^3$，但当建筑高度大于 100m 时，不应小于 $50m^3$，当建筑高度大于 150m 时，不应小于 $100m^3$；

2 多层公共建筑、二类高层公共建筑和一类高层住宅，不应小于 $18m^3$，当一类高层住宅建筑高度超过 100m 时，不应小于 $36m^3$；

3 二类高层住宅，不应小于 $12m^3$；

4 建筑高度大于 21m 的多层住宅，不应小于 $6m^3$；

5 工业建筑室内消防给水设计流量当小于或等于 25L/s 时，不应小于 $12m^3$，大于 25L/s 时，不应小于 $18m^3$；

6 总建筑面积大于 $10000m^2$ 且小于 $30000m^2$ 的商店建筑，不应小于 $36m^3$，总建筑面积大于 $30000m^2$ 的商店，不应小于 $50m^3$，当与本条第 1 款规定不一致时应取其较大值。

高位消防水箱隐患排查应用举例，如表 6-18 所示。

表 6-18　高位消防水箱隐患排查应用举例（一）

隐患类型	隐患要素		隐患编号
高位消防水箱	工业建筑临时高压消防给水系统高位消防水箱有效容积不满足要求		GB 50974-(2014)-5.2.1-Ⅲ
依据标准	《消防给水及消火栓系统技术规范》(GB 50974—2014)5.2.1　临时高压消防给水系统的高位消防水箱的有效容积应满足初期火灾消防用水量的要求，并应符合下列规定： 5　工业建筑室内消防给水设计流量当小于或等于 25L/s 时，不应小于 $12m^3$，大于 25L/s 时，不应小于 $18m^3$		
风险等级	整改类型	整改方式	整改措施
中风险　☑	使用维护类　☑	限期整改　☑	灭火措施　☑

6.5.2　高位消防水箱高度与静压

依据标准：《消防给水及消火栓系统技术规范》(GB 50974—2014)。

> 5.2.2　高位消防水箱的设置位置应高于其所服务的水灭火设施，且最低有效水位应满足水灭火设施最不利点处的静水压力，并应按下列规定确定：
>
> 1　一类高层公共建筑，不应低于 0.10MPa，但当建筑高度超过 100m 时，不应低于 0.15MPa；
>
> 2　高层住宅、二类高层公共建筑、多层公共建筑，不应低于 0.07MPa，多层住宅不宜低于 0.07MPa；
>
> 3　工业建筑不应低于 0.10MPa，当建筑体积小于 $20000m^3$ 时，不宜低于 0.07MPa；
>
> 4　自动喷水灭火系统等自动水灭火系统应根据喷头灭火需求压力确定，但最小不应小于 0.10MPa；
>
> 5　当高位消防水箱不能满足本条第 1 款～第 4 款的静压要求时，应设稳压泵。

高位消防水箱隐患排查应用举例，如表 6-19 所示。

表 6-19　高位消防水箱隐患排查应用举例（二）

隐患类型	隐患要素	隐患编号
消防设备用房	高位消防水箱的设置位置未高于其所服务的水灭火设施	GB 50974-(2014)-5.2.2-Ⅲ
依据标准	《消防给水及消火栓系统技术规范》(GB 50974—2014)5.2.2　高位消防水箱的设置位置应高于其所服务的水灭火设施，且最低有效水位应满足水灭火设施最不利点处的静水压力，并应按下列规定确定： 1　一类高层公共建筑，不应低于 0.10MPa，但当建筑高度超过 100m 时，不应低于 0.15MPa； 2　高层住宅、二类高层公共建筑、多层公共建筑，不应低于 0.07MPa，多层住宅不宜低于 0.07MPa； 3　工业建筑不应低于 0.10MPa，当建筑体积小于 $20000m^3$ 时，不宜低于 0.07MPa； 4　自动喷水灭火系统等自动水灭火系统应根据喷头灭火需求压力确定，但最小不应小于 0.10MPa； 5　当高位消防水箱不能满足本条第 1 款～第 4 款的静压要求时，应设稳压泵	

续表

条文说明	消防水箱的主要作用是供给建筑初期火灾时的消防用水水量，并保证相应的水压要求。水箱压力的高低对于扑救建筑物顶层或附近几层的火灾关系也很大，压力低可能出不了水或达不到要求的充实水柱，也不能启动自动喷水系统报警阀压力开关，影响灭火效率，为此高位消防水箱应规定其最低有效压力或者高度		
风险等级	整改类型	整改方式	整改措施
中风险 ☑	使用维护类 ☑	限期整改 ☑	灭火措施 ☑

6.5.3 高位消防水箱联动控制

高位消防水箱隐患排查应用举例，如表 6-20 所示。

表 6-20 高位消防水箱隐患排查应用举例（三）

隐患类型	隐患要素		隐患编号
高位消防水箱	高位消防水箱出水管上未设置流量开关或报警阀压力开关等不能直接自动启动消防水泵房内的消防水泵		GB 50974-(2014)-11.0.4-Ⅲ
依据标准	《消防给水及消火栓系统技术规范》(GB 50974—2014)11.0.4 消防水泵应由消防水泵出水干管上设置的压力开关、高位消防水箱出水管上的流量开关，或报警阀压力开关等开关信号直接自动启动消防水泵。消防水泵房内的压力开关宜引入消防水泵控制柜内		
条文说明	压力开关通常设置在消防水泵房的主干管道上或报警阀上，流量开关通常设置在高位消防水箱出水管道上		
风险等级	整改类型	整改方式	整改措施
中风险 ☑	使用维护类 ☑	限期整改 ☑	灭火措施 ☑

6.6 消防联动设备

主要包括：屋顶测试消火栓、报警阀组、末端试水装置、防火分隔设施控制柜、机械防烟排烟控制柜、消防供电设施控制柜等。

6.6.1 屋顶测试消火栓

依据标准：《消防给水及消火栓系统技术规范》(GB 50974—2014)。

> 7.4.12 室内消火栓栓口压力和消防水枪充实水柱，应符合下列规定：
> 1 消火栓栓口动压力不应大于 0.50MPa；当大于 0.70MPa 时必须设置减压装置；
> 2 高层建筑、厂房、库房和室内净空高度超过 8m 的民用建筑等场所，消火栓栓口动压不应小于 0.35MPa，且消防水枪充实水柱应按 13m 计算；其他场所，消火栓栓口动压不应小于 0.25MPa，且消防水枪充实水柱应按 10m 计算。

屋顶测试消火栓隐患排查应用举例，如表 6-21 所示。

表 6-21 屋顶测试消火栓隐患排查应用举例

隐患类型	隐患要素		隐患编号
屋顶测试消火栓	室内消火栓栓口压力大于0.70MPa未设置减压装置		GB 50974-(2014)-7.4.12(1)-Ⅲ
依据标准	《消防给水及消火栓系统技术规范》(GB 50974—2014)7.4.12 室内消火栓栓口压力和消防水枪充实水柱，应符合下列规定： 1 消火栓栓口动压力不应大于0.50MPa；当大于0.70MPa时必须设置减压装置		
条文说明	本款提出消火栓口动压不应大于0.50MPa，如果栓口压力大于0.70MPa，水枪反作用力将大于350N，两名消防队员也难以掌握进行灭火，因此，消火栓栓口水压若大于0.70MPa，必须采取减压措施，一般采用减压阀、减压稳压消火栓、减压孔板等		
风险等级	整改类型	整改方式	整改措施
中风险 ☑	使用维护类 ☑	限期整改 ☑	灭火措施 ☑

6.6.2 报警阀组

依据标准：《自动喷水灭火系统设计规范》(GB 50084—2017)。

6.2.3 一个报警阀组控制的洒水喷头数应符合下列规定：

1 湿式系统、预作用系统不宜超过800只；干式系统不宜超过500只。

2 当配水支管同时设置保护吊顶下方和上方空间的洒水喷头时，应只将数量较多一侧的洒水喷头计入报警阀组控制的洒水喷头总数。

6.2.6 报警阀组宜设在安全及易于操作的地点，报警阀距地面的高度宜为1.2m。设置报警阀组的部位应设有排水设施。

6.2.7 连接报警阀进出口的控制阀应采用信号阀。当不采用信号阀时，控制阀应设锁定阀位的锁具。

报警阀组隐患排查应用举例，如表6-22所示。

表 6-22 报警阀组隐患排查应用举例

隐患类型	隐患要素		隐患编号
报警阀组	报警阀组设置点不便于操作，报警阀组部位未设排水设施		GB 50084-(2017)-6.2.6-Ⅲ
依据标准	《自动喷水灭火系统设计规范》(GB 50084—2017)6.2.6 报警阀组宜设在安全及易于操作的地点，报警阀距地面的高度宜为1.2m。设置报警阀组的部位应设有排水设施		
条文说明	报警阀组不得擅自关闭，确保灭火有效性		
风险等级	整改类型	整改方式	整改措施
中风险 ☑	使用维护类 ☑	限期整改 ☑	灭火措施 ☑

6.6.3 末端试水装置

依据标准：《消防设施通用规范》(GB 55036—2022)。

▲4.0.6 每个报警阀组控制的供水管网水力计算最不利点洒水喷头处应设置末端试水装置，其他防火分区、楼层均应设置DN25的试水阀。末端试水装置应具有压力显示功能，并应设置相应的排水设施。

依据标准：《自动喷水灭火系统设计规范》(GB 50084—2017)。

6.5.2 末端试水装置应由试水阀、压力表以及试水接头组成。试水接头出水口的流量系数，应等同于同楼层或防火分区内的最小流量系数洒水喷头。末端试水装置的出水，应采取孔口出流的方式排入排水管道，排水立管宜设伸顶通气管，且管径不应小于75mm。

6.5.3 末端试水装置和试水阀应有标识，距地面的高度宜为1.5m，并应采取不被他用的措施。

末端试水装置隐患排查应用举例，如表6-23所示。

表6-23 末端试水装置隐患排查应用举例

隐患类型	隐患要素		隐患编号
末端试水装置	末端试水装置未设置标识，未采取不被他用的措施		GB 50084-(2017)-6.5.3-Ⅲ
依据标准	《自动喷水灭火系统设计规范》(GB 50084—2017)6.5.3 末端试水装置和试水阀应有标识，距地面的高度宜为1.5m，并应采取不被他用的措施		
条文说明	末端试水装置的设置位置是为了保证末端试水装置的可操作性和可维护性		
风险等级	整改类型	整改方式	整改措施
中风险 ☑	使用维护类 ☑	限期整改 ☑	灭火措施 ☑

6.6.4 消防供电设备控制柜

《建筑防火通用规范》(GB 55037—2022)。

▲10.1.1 建筑高度大于150m的工业与民用建筑的消防用电应符合下列规定：

1 应按特级负荷供电；

2 应急电源的消防供电回路应采用专用线路连接至专用母线段；

3 消防用电设备的供电电源干线应有两个路由。

▲10.1.2 除筒仓、散装粮食仓库及工作塔外，下列建筑的消防用电负荷等级不应低于一级：

1 建筑高度大于50m的乙、丙类厂房；

2 建筑高度大于50m的丙类仓库；

3 一类高层民用建筑；

4 二层式、二层半式和多层式民用机场航站楼，5XI类汽车库；

5 建筑面积大于5000m^{2}且平时使用的人民防空工程；

6　地铁工程；
7　一、二类城市交通隧道。
▲10.1.3　下列建筑的消防用电负荷等级不应低于二级：
1　室外消防用水量大于30L/s的厂房；
2　室外消防用水量大于30L/s的仓库；
3　座位数大于1500个的电影院或剧场，座位数大于3000个的体育馆；
4　任一层建筑面积大于$3000m^2$的商店和展览建筑；
5　省（市）级及以上的广播电视、电信和财贸金融建筑；
6　总建筑面积大于$3000m^2$的地下、半地下商业设施；
7　民用机场航站楼；
8　Ⅱ类、Ⅲ类汽车库和Ⅰ类修车库；
9　本条上述规定外的其他二类高层民用建筑；
10　本条上述规定外的室外消防用水量大于25L/s的其他公共建筑；
11　水利工程，水电工程；
12　三类城市交通隧道。

依据标准：《建筑设计防火规范》[GB 50016—2014（2018年版）]。

10.1.3　除本规范第10.1.1条和第10.1.2条外的建筑物、储罐（区）和堆场等的消防用电，可按三级负荷供电。

10.1.4　消防用电按一、二级负荷供电的建筑，当采用自备发电设备作备用电源时，自备发电设备应设置自动和手动启动装置。当采用自动启动方式时，应能保证在30s内供电。

不同级别负荷的供电电源应符合现行国家标准《供配电系统设计规范》（GB 50052）的规定。

消防供电隐患排查应用举例，如表6-24所示。

表6-24　消防供电隐患排查应用举例

隐患类型	隐患要素		隐患编号
消防供电	消防自备发电设备设置不符合规定		GB 50016-(2014)-10.1.4-Ⅲ
依据标准	《建筑设计防火规范》[GB 50016—2014(2018年版)]10.1.4　消防用电按一、二级负荷供电的建筑，当采用自备发电设备作备用电源时，自备发电设备应设置自动和手动启动装置。当采用自动启动方式时，应能保证在30s内供电		
条文说明	建筑的电源分为正常电源和备用电源两种。正常电源一般是直接取自城市低压输电网，电压等级为380V/220V。当城市有两路高压(10kV级)供电时，其中一路可作为备用电源；当城市只有一路供电时，可采用自备柴油发电机作为备用电源。消防用电负荷按等级由低到高分为：一级、二级、三级		
风险等级	整改类型	整改方式	整改措施
中风险　☑	使用维护　☑	限期整改　☑	灭火措施　☑

第7章 消防重点部位隐患排查

消防安全重点部位是指存在火灾隐患或发生火灾概率较大的部位，或者是人流密集型场所，一旦发生火灾危及生命财产安全的场所。这些部位通常具有一定的火灾危险性，需要特别关注和管理。主要包括丙类液体储罐（间）、燃（油）气锅炉房、变配电室、柴油发电机房、仓储场所、高层建筑、地下停车场、化工厂等。对于上述消防安全重点部位，加强消防设施和管理至关重要。这包括定期检查和维护消防设施，确保其正常运行；制定并执行严格的操作规程和安全管理规定，防止因违章作业引发火灾；对员工进行消防知识培训，提高其消防安全意识和应急处理能力；特别是定期进行消防演练，提高整体的火灾应急反应能力。消防安全重点部位的管理是一项系统工程，需要各方面的共同努力和配合，以确保公众的生命财产安全。本章结合企业实际主要从重点部位设置要求、燃（油）气锅炉房、变配电室、柴油发电机房、丙类液体储罐（间）、仓储场所等编制了企业消防重点部位隐患排查。

7.1 重点部位要求

依据标准：《机关、团体、企业、事业单位消防安全管理规定》（公安部第 61 号令，2001）。

> 第十九条　单位应当将容易发生火灾、一旦发生火灾可能严重危及人身和财产安全以及对消防安全有重大影响的部位确定为消防安全重点部位，设置明显的防火标志，实行严格管理。

《人员密集场所消防安全管理》（GB/T 40248—2021）。

> 7.11.1　消防安全重点部位应建立岗位消防安全责任制，并明确消防安全管理的责任部门和责任人。

7.11.2 人员集中的厅（室）以及建筑内的消防控制室、消防水泵房、储油间、变配电室、锅炉房、厨房、空调机房、资料库、可燃物品仓库和化学实验室等，应确定为消防安全重点部位，在明显位置张贴标识，严格管理。

7.11.3 应根据实际需要配备相应的灭火器材、装备和个人防护器材。

7.11.4 应制定和完善事故应急处置操作程序。

7.11.5 应列入防火巡查范围，作为定期检查的重点。

消防安全重点部位隐患排查应用举例，如表7-1所示。

表7-1 消防安全重点部位隐患排查应用举例

隐患类型	隐患要素		隐患编号
消防安全重点部位	单位未按规定确定本单位的消防安全重点部位		GB/T 40248-(2021)-7.11.2-V
依据标准	《人员密集场所消防安全管理》(GB/T 40248—2021)7.11.2 人员集中的厅(室)以及建筑内的消防控制室、消防水泵房、储油间、变配电室、锅炉房、厨房、空调机房、资料库、可燃物品仓库和化学实验室等,应确定为消防安全重点部位,在明显位置张贴标识,严格管理		
条文说明	确定消防安全重点部位四大原则:火灾危险性大,发生火灾人员伤亡大,财产损失大和社会影响大		
风险等级	整改类型	整改方式	整改措施
高风险 ☑	综合管理 ☑	限期整改 ☑	管理措施 ☑

7.2 燃（油）气锅炉房

依据标准:《建筑防火通用规范》(GB 55037—2022)。

▲4.1.4 燃油或燃气锅炉、可燃油油浸变压器、充有可燃油的高压电容器和多油开关、柴油发电机房等独立建造的设备用房与民用建筑贴邻时，应采用防火墙分隔，且不应贴邻建筑中人员密集的场所。上述设备用房附设在建筑内时，应符合下列规定：

1 当位于人员密集的场所的上一层、下一层或贴邻时，应采取防止设备用房的爆炸作用危及上一层、下一层或相邻场所的措施；

2 设备用房的疏散门应直通室外或安全出口；

3 设备用房应采用耐火极限不低于2.00h的防火隔墙和耐火极限不低于1.50h的不燃性楼板与其他部位分隔，防火隔墙上的门、窗应为甲级防火门、窗。

▲4.1.5 附设在建筑内的燃油或燃气锅炉房、柴油发电机房，除应符合本规范第4.1.4条的规定外，尚应符合下列规定：

1 常（负）压燃油或燃气锅炉房不应位于地下二层及以下，位于屋顶的常（负）压燃气锅炉房与通向屋面的安全出口的最小水平距离不应小于6m；其他燃油或燃气锅炉房应位于建筑首层的靠外墙部位或地下一层的靠外侧部位，不应贴邻消防救援专用出入口、疏散楼梯（间）或人员的主要疏散通道。

2　建筑内单间储油间的燃油储存量不应大于 $1m^3$。油箱的通气管设置应满足防火要求，油箱的下部应设置防止油品流散的设施。储油间应采用耐火极限不低于 3.00h 的防火隔墙与发电机间、锅炉间分隔。

3　柴油机的排烟管、柴油机房的通风管、与储油间无关的电气线路等，不应穿过储油间。

4　燃油或燃气管道在设备间内及进入建筑物前，应分别设置具有自动和手动关闭功能的切断阀。

▲4.1.6　附设在建筑内的可燃油油浸变压器、充有可燃油的高压电容器和多油开关等的设备用房，除应符合本规范第 4.1.4 条的规定外，尚应符合下列规定：

1　油浸变压器室、多油开关室、高压电容器室均应设置防止油品流散的设施；

2　变压器室应位于建筑的靠外侧部位，不应设置在地下二层及以下楼层；

3　变压器室之间、变压器室与配电室之间应采用防火门和耐火极限不低于 2.00h 的防火隔墙分隔。

燃油或燃气锅炉房隐患排查应用举例，如表 7-2 所示。

表 7-2　燃油或燃气锅炉房隐患排查应用举例

隐患类型	隐患要素		隐患编号
消防重点部位	锅炉房与人员密集场所贴邻，未采取措施		GB 55037-(2022)-▲4.1.4(1)-Ⅱ
依据标准	《建筑防火通用规范》(GB 55037—2022)▲4.1.4　燃油或燃气锅炉、可燃油油浸变压器、充有可燃油的高压电容器和多油开关、柴油发电机房等独立建造的设备用房与民用建筑贴邻时，应采用防火墙分隔，且不应贴邻建筑中人员密集的场所。上述设备用房附设在建筑内时，应符合下列规定： 1　当位于人员密集的场所的上一层、下一层或贴邻时，应采取防止设备用房的爆炸作用危及上一层、下一层或相邻场所的措施		
条文说明	本条款适用燃油、燃气锅炉房		
风险等级	整改类型	整改方式	整改措施
高风险　☑	使用维护　☑	限期整改　☑	预防措施　☑
表注	▲强制性条文，必须严格执行		

7.3　变配电室

变配电室隐患排查应用举例，如表 7-3 所示。

表 7-3　变配电室隐患排查应用举例

隐患类型	隐患要素		隐患编号
消防重点部位	变压器室之间、变压器室与配电室之间防火分隔墙不符合规定		GB 55037-(2022)-▲4.1.6(3)-Ⅱ
依据标准	《建筑防火通用规范》(GB 55037—2022)▲4.1.6　附设在建筑内的可燃油油浸变压器、充有可燃油的高压电容器和多油开关等的设备用房，除应符合本规范第 4.1.4 条的规定外，尚应符合下列规定： 3　变压器室之间、变压器室与配电室之间应采用防火门和耐火极限不低于 2.00h 的防火隔墙分隔		
风险等级	整改类型	整改方式	整改措施
高风险　☑	使用维护　☑	当场整改　☑	预防措施　☑
表注	▲强制性条文，必须严格执行		

7.4 柴油发电机房

柴油发电机房隐患排查应用举例，如表 7-4、表 7-5 所示。

表 7-4　柴油发电机房隐患排查应用举例（一）

隐患类型	隐患要素		隐患编号
消防重点部位	柴油发电机房与民用建筑贴邻，未采用防火墙分隔		GB 55037-(2022)-▲4.1.4-Ⅲ
依据标准	《建筑防火通用规范》(GB 55037—2022)▲4.1.4　燃油或燃气锅炉、可燃油油浸变压器、充有可燃油的高压电容器和多油开关、柴油发电机房等独立建造的设备用房与民用建筑贴邻时，应采用防火墙分隔，且不应贴邻建筑中人员密集的场所		
风险等级	整改类型	整改方式	整改措施
高风险　☑	使用维护　☑	当场整改　☑	预防措施　☑
表注	▲强制性条文，必须严格执行		

表 7-5　柴油发电机房隐患排查应用举例（二）

隐患类型	隐患要素		隐患编号
消防重点部位	柴油发电机房未按规定设置防火分隔		GB 55037-(2022)-▲4.1.4(3)-Ⅲ
依据标准	《建筑防火通用规范》(GB 55037—2022)▲4.1.4　燃油或燃气锅炉、可燃油油浸变压器、充有可燃油的高压电容器和多油开关、柴油发电机房等独立建造的设备用房与民用建筑贴邻时，应采用防火墙分隔，且不应贴邻建筑中人员密集的场所。上述设备用房附设在建筑内时，应符合下列规定： 3　设备用房应采用耐火极限不低于 2.00h 的防火隔墙和耐火极限不低于 1.50h 的不燃性楼板与其他部位分隔，防火隔墙上的门、窗应为甲级防火门、窗		
风险等级	整改类型	整改方式	整改措施
高风险　☑	使用维护　☑	当场整改　☑	预防措施　☑
表注	▲强制性条文，必须严格执行		

7.5 丙类液体储罐（间）

依据标准：《建筑设计防火规范》[GB 50016—2014（2018 年版）]。

5.4.14 供建筑内使用的丙类液体燃料，其储罐应布置在建筑外，并应符合下列规定：

1　当总容量不大于 $15m^3$，且直埋于建筑附近、面向油罐一面 4.0m 范围内的建筑外墙为防火墙时，储罐与建筑的防火间距不限；

2　当总容量大于 $15m^3$ 时，储罐的布置应符合本规范第 4.2 节的规定；

3　当设置中间罐时，中间罐的容量不应大于 $1m^3$，并应设置在一、二级耐火等级的单独房间内，房间门应采用甲级防火门。

丙类液体储罐隐患排查应用举例，如表7-6所示。

表7-6 丙类液体储罐隐患排查应用举例

隐患类型	隐患要素		隐患编号
消防重点部位	丙类液体燃料储罐间设置不符合规定		GB 50016-(2014)-5.4.14(3)-Ⅱ
依据标准	《建筑设计防火规范》[GB 50016—2014(2018年版)]5.4.14 供建筑内使用的丙类液体燃料，其储罐应布置在建筑外，并应符合下列规定： 3 当设置中间罐时，中间罐的容量不应大于1m³，并应设置在一、二级耐火等级的单独房间内，房间门应采用甲级防火门		
风险等级	整改类型	整改方式	整改措施
高风险 ☑	使用维护 ☑	当场整改 ☑	预防措施 ☑

7.6 液化石油气瓶（间）

依据标准：《建筑防火通用规范》(GB 55037—2022)。

▲4.3.11 燃气调压用房、瓶装液化石油气瓶组用房应独立建造，不应与居住建筑、人员密集的场所及其他高层民用建筑贴邻；贴邻其他民用建筑的，应采用防火墙分隔，门、窗应向室外开启。瓶装液化石油气瓶组用房应符合下列规定：

1 当与所服务建筑贴邻布置时，液化石油气瓶组的总容积不应大于1m³，并应采用自然气化方式供气；

2 瓶组用房的总出气管道上应设置紧急事故自动切断阀；

3 瓶组用房内应设置可燃气体探测报警装置。

依据标准：《建筑设计防火规范》[GB 50016—2014 (2018年版)]。

5.4.16 高层民用建筑内使用可燃气体燃料时，应采用管道供气。使用可燃气体的房间或部位宜靠外墙设置，并应符合现行国家标准《城镇燃气设计规范》(GB 50028) 的规定。

5.4.17 建筑采用瓶装液化石油气瓶组供气时，应符合下列规定：

6 其他防火要求应符合现行国家标准《城镇燃气设计规范》(GB 50028) 的规定。

液化石油气管理隐患排查应用举例，如表7-7所示。

表 7-7　液化石油气管理隐患排查应用举例

隐患类型	隐患要素		隐患编号
消防重点部位	建筑采用瓶装液化石油气瓶组供气瓶组间的总出气管道上未设置紧急事故自动切断阀和可燃气体浓度报警装置		GB 55037-(2022)-▲4.3.11-Ⅰ
依据标准	《建筑防火通用规范》(GB 55037—2022)▲4.3.11　燃气调压用房、瓶装液化石油气瓶组用房应独立建造,不应与居住建筑、人员密集的场所及其他高层民用建筑贴邻;贴邻其他民用建筑的,应采用防火墙分隔,门、窗应向室外开启。瓶装液化石油气瓶组用房应符合下列规定: 2　瓶组用房的总出气管道上应设置紧急事故自动切断阀; 3　瓶组用房内应设置可燃气体探测报警装置		
条文说明	在总出气管上设置紧急事故自动切断阀,有利于防止发生更大的事故。在液化石油气储瓶间内设置可燃气体浓度报警装置,采用防爆型电器,可有效预防因接头或阀门密封不严漏气而发生爆炸		
风险等级	整改类型	整改方式	整改措施
高风险　☑	使用维护　☑	停工整改　☑	预防措施　☑
表注	▲强制性条文,必须严格执行		

7.7　仓储场所

依据标准:《仓储场所消防安全管理通则》(GA 1131—2014)。

6.1　仓储场所储存物品的火灾危险性应按（GB 50016）的规定分为甲、乙、丙、丁、戊 5 类。

6.2　仓储场所内不应搭建临时性的建筑物或构筑物;因装卸作业等确需搭建时,应经消防安全责任人或消防安全管理人审批同意,并明确防火责任人、落实临时防火措施,作业结束后应立即拆除。

6.3　室内储存场所不应设置员工宿舍。甲、乙类物品的室内储存场所内不应设办公室。其他室内储存场所确需设办公室时,其耐火等级应为一、二级,且门、窗应直通库外。

6.4　甲、乙、丙类物品的室内储存场所其库房布局、储存类别及核定的最大储存量不应擅自改变。如需改建、扩建或变更使用用途的,应依法向当地公安机关消防机构办理建设工程消防设计审核、验收或备案手续。

6.5　物品入库前应有专人负责检查,确认无火种等隐患后,方准入库。

6.6　库房储存物资应严格按照设计单位划定的堆装区域线和核定的存放量储存。

6.7　库房内储存物品应分类、分堆、限额存放。每个堆垛的面积不应大于 150m^2。库房内主通道的宽度不应小于 2m。

6.8　库房内堆放物品应满足以下要求:

a) 堆垛上部与楼板、平屋顶之间的距离不小于 0.3m（人字屋架从横梁算起）;

b）物品与照明灯之间的距离不小于 0.5m；
c）物品与墙之间的距离不小于 0.5m；
d）物品堆垛与柱之间的距离不小于 0.3m；
e）物品堆垛与堆垛之间的距离不小于 1m。

仓储场所隐患排查应用举例，如表 7-8～表 7-10 所示。

表 7-8　仓储场所隐患排查应用举例（一）

隐患类型	隐患要素		隐患编号
消防重点部位	库房内堆放物品“五距”不满足要求		XF 1131-(2014)-6.8-Ⅰ
依据标准	《仓储场所消防安全管理通则》(XF 1131—2014)6.8　库房内堆放物品应满足以下要求： a)堆垛上部与楼板、平屋顶之间的距离不小于 0.3m(人字屋架从横梁算起)； b)物品与照明灯之间的距离不小于 0.5m； c)物品与墙之间的距离不小于 0.5m； d)物品堆垛与柱之间的距离不小于 0.3m； e)物品堆垛与堆垛之间的距离不小于 1m		
条文说明	库房堆放五距包括：垛距、墙距、灯距、柱距和顶距		
风险等级	整改类型	整改方式	整改措施
中风险 ☑	使用维护 ☑	限期整改 ☑	管理措施 ☑

表 7-9　仓储场所隐患排查应用举例（二）

隐患类型	隐患要素		隐患编号
消防重点部位	仓储场所的每个库房未按规定在库房外单独安装电气开关箱		XF 1131-(2014)-8.5-Ⅰ
依据标准	《仓储场所消防安全管理通则》(XF 1131—2014)8.5　仓储场所的每个库房应在库房外单独安装电气开关箱，保管人员离库时，应切断场所的非必要电源		
风险等级	整改类型	整改方式	整改措施
中风险 ☑	使用维护 ☑	限期整改 ☑	管理措施 ☑

表 7-10　仓储场所隐患排查应用举例（三）

隐患类型	隐患要素		隐患编号
消防重点部位	仓储场所外部未按规定设置禁止燃放烟花爆竹醒目标志		XF 1131-(2014)-9.6-Ⅰ
依据标准	《仓储场所消防安全管理通则》(XF 1131—2014)9.6　仓储场所内部和距离场所围墙 50m 范围内禁止燃放烟花爆竹，距围墙 100m 范围内禁止燃放 GB/T 21243 规定的 A 级、B 级烟花爆竹。仓储场所应在围墙上醒目处设置相应禁止标志		
风险等级	整改类型	整改方式	整改措施
高风险 ☑	综合管理 ☑	当场整改 ☑	管理措施 ☑

第8章 火灾高危场所隐患排查

消防安全重点部位是指存在火灾隐患或发生火灾概率较大的部位，或者是人流密集型场所，一旦发生火灾危及生命财产安全的场所。这些部位通常具有一定的火灾危险性，需要严格管理。

消防安全重点部位主要包括：丙类液体储罐（间）、燃（油）气锅炉房、变配电室、柴油发电机房、仓储场所、高层建筑、地下停车场、化工厂等。对于上述消防安全重点部位，加强消防设施和管理至关重要。这包括定期检查和维护消防设施，确保其正常运行；制定并执行严格的操作规程和安全管理规定，防止因违章作业引发火灾；对员工进行消防知识培训，提高其消防安全意识和应急处理能力；特别是定期进行消防演练，提高整体的火灾应急反应能力。消防安全重点部位的管理是一项系统工程，需要各方面的共同努力和配合，以确保生命财产安全。本章结合企业实际主要从重点部位设置要求、燃（油）气锅炉房、变配电室、柴油发电机房、丙类液体储罐（间）、仓储场所等方面编制了企业消防重点部位隐患排查。

8.1 人员密集场所

8.1.1 用火管理

依据标准：《人员密集场所消防安全管理》（GB/T 40248—2021）。

> 7.9.2 用火、动火安全管理应符合下列要求：
>
> a）人员密集场所禁止在营业时间进行动火作业；
>
> b）需要动火作业的区域，应与使用、营业区域进行防火分隔，严格将动火作业限制在防火分隔区域内，并加强消防安全现场监管；
>
> c）电气焊等明火作业前，实施动火的部门和人员应按照制度规定办理动火审批手续，清除可燃、易燃物品，配置灭火器材，落实现场监护人和安全措施，在确认无火灾、爆炸危险后方可动火作业；

d）人员密集场所不应使用明火照明或取暖，如特殊情况需要时，应有专人看护；

e）炉火、烟道等取暖设施与可燃物之间应采取防火隔热措施；

f）宾馆、餐饮场所、医院、学校的厨房烟道应至少每季度清洗一次；

g）进入建筑内以及厨房、锅炉房等部位内的燃油、燃气管道，应经常检查、检测和保养。

人员密集场所用火管理隐患排查应用举例，如表 8-1 所示。

表 8-1　用火管理隐患排查应用举例

隐患类型	隐患要素		隐患编号
火灾高危场所	用火、动火场所未禁止在营业时间进行动火作业		GB/T 40248-(2021)-7.9.2(a)-V
依据标准	《人员密集场所消防安全管理》(GB/T 40248—2021)7.9.2　用火、动火安全管理应符合下列要求： a)人员密集场所禁止在营业时间进行动火作业		
条文说明	动火作业两个条件：一是人员密集场所(如宾馆饭店、歌舞厅等)；二是营业时间内		
风险等级	整改类型	整改方式	整改措施
高风险　☑	使用维护　☑	当场整改　☑	预防措施　☑

8.1.2　用电管理

依据标准：《人员密集场所消防安全管理》(GB/T 40248—2021)。

7.8.1　人员密集场所应建立用电防火安全管理制度，明确用电防火安全管理的责任部门和责任人，并应包括下列内容：

a）电气设备的采购要求；

b）电气设备的安全使用要求；

c）电气设备的检查内容和要求；

d）电气设备操作人员的资格要求。

7.8.2　用电防火安全管理应符合下列要求：

a）采购电气、电热设备，应选用合格产品，并应符合有关安全标准的要求；

b）更换或新增电气设备时，应根据实际负荷重新校核、布置电气线路并设置保护措施；

c）电气线路敷设、电气设备安装和维修应由具备职业资格的电工进行，留存施工图纸或线路改造记录；

d）不得随意乱接电线，擅自增加用电设备；

e）靠近可燃物的电器，应采取隔热、散热等防火保护措施；

f）人员密集场所内严禁电动自行车停放、充电；

g）应定期进行防雷检测；应定期检查、检测电气线路、设备，严禁长时间超负荷运行；

h）电气线路发生故障时，应及时检查维修，排除故障后方可继续使用；

i）商场、餐饮场所、公共娱乐场所营业结束时，应切断营业场所内的非必要电源；

j）涉及重大活动临时增加用电负荷时，应委托专业机构进行用电安全检测，检测报告应存档备查。

用电管理隐患排查应用举例，如表8-2所示。

表8-2　用电管理隐患排查应用举例

隐患类型	隐患要素		隐患编号
火灾高危场所	用电场所更换或新增电气设备未按规定设置保护措施		GB/T 40248-(2021)-7.8.2(b)-V
依据标准	《人员密集场所消防安全管理》(GB/T 40248—2021)7.8.2　用电防火安全管理应符合下列要求：b)更换或新增电气设备时，应根据实际负荷重新校核、布置电气线路并设置保护措施		
风险等级	整改类型	整改方式	整改措施
中风险　☑	综合管理类　☑	限期整改　☑	管理措施　☑

8.1.3　易燃易爆物品管理

依据标准：《人员密集场所消防安全管理》(GB/T 40248—2021)。

7.10.1　人员密集场所严禁生产或储存易燃、易爆化学物品。

7.10.2　人员密集场所应明确易燃、易爆化学物品使用管理的责任部门和责任人。

7.10.3　人员密集场所需要使用易燃、易爆化学物品时，应根据需求限量使用，存储量不应超过一天的使用量，并应在不使用时予以及时清除，且应由专人管理、登记。

易燃易爆物品管理隐患排查应用举例，如表8-3所示。

表8-3　易燃易爆物品管理隐患排查应用举例

隐患类型	隐患要素		隐患编号
火灾高危场所	人员密集场所未严禁生产或储存易燃、易爆化学物品		GB/T 40248-(2021)-7.10.1-Ⅰ
依据标准	《人员密集场所消防安全管理》(GB/T 40248—2021)7.10.1　人员密集场所严禁生产或储存易燃、易爆化学物品		
条文说明	易燃易爆化学物品包括：可燃固体、可燃液体、可燃气体、自燃物品、遇湿自燃物品、氧化剂和过氧化物等		
风险等级	整改类型	整改方式	整改措施
中风险　☑	使用维护类　☑	当场整改　☑	预防措施　☑

8.1.4 集体宿舍场所管理

集体宿舍管理隐患排查应用举例，如表 8-4 所示。

表 8-4 集体宿舍管理隐患排查应用举例

隐患类型	隐患要素		隐患编号
火灾高危场所	员工集体宿舍设置不符合规定		GB/T 40248-(2021)-★8.8.5-V
依据标准	《人员密集场所消防安全管理》(GB/T 40248—2021)★8.8.5 不应在生产加工车间、员工集体宿舍内擅自拉接电气线路、设置炉灶。员工集体宿舍应符合下列要求： a)人均使用面积不应小于 4.0m^2； b)宿舍内的床铺不应超过 2 层； c)每间宿舍的使用人数不应超过 12 人； d)房间隔墙的耐火极限不应低于 1.00h,且应砌至梁、板底； e)内部装修应采用燃烧性能不低于 B1 级的材料		
条文说明	员工宿舍限制人均使用面积、床铺层数、房间使用人数等		
风险等级	整改类型	整改方式	整改措施
中风险 ☑	综合管理类 ☑	限期整改 ☑	管理措施 ☑
表注	★严重消防问题		

8.2 餐厅厨房场所

依据标准：《人员密集场所消防安全管理》(GB/T 40248—2021)。

> 8.1.11 人员密集场所可能泄漏散发可燃气体或蒸气的场所，应设置可燃气体检测报警装置。
>
> 8.1.12 人员密集场所内燃油、燃气设备的供油、供气管道应采用金属管道，在进入建筑物前和设备间内的管道上均应设置手动和自动切断装置。

餐厅厨房场所隐患排查应用举例，如表 8-5～表 8-9 所示。

表 8-5 餐厅厨房场所隐患排查应用举例（一）

隐患类型	隐患要素		隐患编号
火灾高危场所	使用燃气厨房未设置可燃气体检测报警装置		GB/T 40248-(2021)-8.1.11-V
依据标准	《人员密集场所消防安全管理》(GB/T 40248—2021)8.1.11 人员密集场所可能泄漏散发可燃气体或蒸气的场所,应设置可燃气体检测报警装置		
条文说明	可燃气体报警装置包括燃气探测器、燃气控制器等		
风险等级	整改类型	整改方式	整改措施
高风险 ☑	综合管理类 ☑	当场整改 ☑	管理措施 ☑

表 8-6　餐厅厨房场所隐患排查应用举例（二）

隐患类型	隐患要素		隐患编号
火灾高危场所	人员密集场所内燃油、燃气管道上未按规定设置手动和自动切断装置		GB/T 40248-(2021)-8.1.12-Ⅴ
依据标准	《人员密集场所消防安全管理》(GB/T 40248—2021)8.1.12　人员密集场所内燃油、燃气设备的供油、供气管道应采用金属管道，在进入建筑物前和设备间内的管道上均应设置手动和自动切断装置		
条文说明	自动切断阀应与燃气报警控制器联动控制		
风险等级	整改类型	整改方式	整改措施
高风险　☑	综合管理类　☑	限期整改　☑	管理措施　☑

表 8-7　餐厅厨房场所隐患排查应用举例（三）

隐患类型	隐患要素		隐患编号
火灾高危场所	厨房设置闭式自动喷水灭火系统的洒水喷头不符合规定		GB 50084-(2017)-6.1.2-Ⅲ
依据标准	《自动喷水灭火系统设计规范》(GB 50084—2017)6.1.2　闭式系统的洒水喷头，其公称动作温度宜高于环境最高温度 30℃		
条文说明	由于厨房靠近灶台环境温度高于普通场所，故应选高于环境温度的 93℃洒水喷头		
风险等级	整改类型	整改方式	整改措施
中风险　☑	设计安装类　☑	限期整改　☑	灭火措施　☑

表 8-8　餐厅厨房场所隐患排查应用举例（四）

隐患类型	隐患要素		隐患编号
火灾高危场所	餐厅建筑面积大于 1000m^2 的餐馆或食堂未按规定设置自动灭火装置		GB 50016-(2014)-8.3.11-Ⅲ
依据标准	《建筑设计防火规范》[GB 50016—2014(2018 年版)]8.3.11　餐厅建筑面积大于 1000m^2 的餐馆或食堂，其烹饪操作间的排油烟罩及烹饪部位应设置自动灭火装置，并应在燃气或燃油管道上设置与自动灭火装置联动的自动切断装置		
条文说明	餐厅为餐馆、食堂中的就餐部分，“建筑面积大于 1000m^2”为餐厅总的营业面积(不含厨房面积)		
风险等级	整改类型	整改方式	整改措施
中风险　☑	设计安装类　☑	限期整改　☑	灭火措施　☑

表 8-9　餐厅厨房场所隐患排查应用举例（五）

隐患类型	隐患要素		隐患编号
火灾高危场所	厨房烟道未按规定每季度清洗一次		GB/T 40248-(2021)-7.9.2(f)-Ⅴ
依据标准	《人员密集场所消防安全管理》(GB/T 40248—2021)7.9.2　用火、动火安全管理应符合下列要求：f)宾馆、餐饮场所、医院、学校的厨房烟道应至少每季度清洗一次		
条文说明	厨房烟道产生油烟在烟道表面，如不及时清洗，容易引起着火，定期清洗可以降低油烟产生		
风险等级	整改类型	整改方式	整改措施
中风险　☑	使用维护类　☑	限期整改　☑	管理措施　☑

8.3 商业购物场所

依据标准：《人员密集场所消防安全管理》(GB/T 40248—2021)。

8.3.2 设置于商场内的库房应采用耐火极限不低于 3.00h 的隔墙与营业、办公部分完全分隔，通向营业厅的开口应设置甲级防火门。

8.3.3 商场内的柜台和货架应合理布置，营业厅内的疏散通道设置应符合 JGJ 48 的规定，并应符合下列要求：

a）营业厅内主要疏散通道应直通安全出口；

b）营业厅内通道的最小净宽度应符合 JGJ 48 的相关规定；

c）疏散通道及疏散走道的地面上应设置保持视觉连续的疏散指示标志；

d）营业厅内任一点至最近安全出口或疏散门的直线距离不宜大于 30m，且行走距离不应大于 45m。

8.3.4 营业厅内的疏散指示标志设置应符合下列要求：

a）应在疏散通道转弯和交叉部位两侧的墙面、柱面距地面高度 1.0m 以下设置灯光疏散指示标志；有困难时，可设置在疏散通道上方 2.2～3.0m 处；疏散指示标志的间距不应大于 20m；

b）灯光疏散指示标志的规格不应小于 0.5m×0.25m；

c）总建筑面积大于 $5000m^2$ 的商场或建筑面积大于 $500m^2$ 的地下或半地下商店，疏散通道的地面上应设置视觉连续的灯光或蓄光疏散指示标志；其他商场，宜设置灯光或蓄光疏散指示标志。

8.3.5 营业厅的安全疏散路线不应穿越仓库、办公室等功能性用房。

商业购物场所隐患排查应用举例，如表 8-10 所示。

表 8-10 商业购物场所隐患排查应用举例

隐患类型	隐患要素		隐患编号
火灾高危场所	商场内的库房与营业、办公部分未分隔，通向营业厅的开口未设置甲级防火门		GB/T 40248-(2021)-8.3.2-Ⅱ
依据标准	《人员密集场所消防安全管理》(GB/T 40248—2021)8.3.2 设置于商场内的库房应采用耐火极限不低于 3.00h 的隔墙与营业、办公部分完全分隔，通向营业厅的开口应设置甲级防火门		
条文说明	防火隔墙是指建筑内防止火灾蔓延至相邻区域且耐火极限不低于规定要求的不燃性墙体，其耐火极限和燃烧性能达不到防火墙的要求		
风险等级	整改类型	整改方式	整改措施
中风险 ☑	设计安装类 ☑	限期整改 ☑	限制措施 ☑

8.4　宾馆饭店场所

8.4.1　宾馆饭店场所自救设施

依据标准：《人员密集场所消防安全管理》(GB/T 40248—2021)。

> 8.2.1　宾馆前台和大厅配置对讲机、喊话器、扩音器、应急手电筒、消防过滤式自救呼吸器等器材。
>
> 8.2.2　高层宾馆的客房内应配备应急手电筒、消防过滤式自救呼吸器等逃生器材及使用说明，其他宾馆的客房内宜配备应急手电筒、消防过滤式自救呼吸器等逃生器材及使用说明，并应放置在醒目位置或设置明显的标志。应急手电筒和消防过滤式自救呼吸器的有效使用时间不应小于 30min。

8.4.2　宾馆饭店场所疏散设施

依据标准：《人员密集场所消防安全管理》(GB/T 40248—2021)。

> 8.2.3　客房内应设置醒目、耐久的“请勿卧床吸烟”提示牌和楼层安全疏散及客房所在位置示意图。
>
> 8.2.4　客房层应按照有关建筑消防逃生器材及配备标准设置辅助逃生器材，并应有明显的标志。

宾馆饭店场所隐患排查应用举例，如表 8-11 所示。

表 8-11　宾馆饭店场所隐患排查应用举例

隐患类型	隐患要素		隐患编号
火灾高危场所	客房内未设置“请勿卧床吸烟”提示牌，未设置疏散位置示意图		GB/T 40248-(2021)-8.3.2-Ⅴ
依据标准	《人员密集场所消防安全管理》(GB/T 40248—2021)8.2.3　客房内应设置醒目、耐久的“请勿卧床吸烟”提示牌和楼层安全疏散及客房所在位置示意图		
条文说明	由于卧床吸烟容易睡着失控引发火灾，设置警示标识可以提示人员自觉遵守公共消防规定		
风险等级	整改类型	整改方式	整改措施
中风险 ☑	综合管理类 ☑	限期整改 ☑	管理措施 ☑

8.5 医院病房场所

8.5.1 医院病房用火用电管理

依据标准：《人员密集场所消防安全管理》(GB/T 40248—2021)。

8.6.1 严禁违规储存、使用易燃易爆危险品，严禁吸烟和违规使用明火。

8.6.2 严禁私拉乱接电气线路、超负荷用电，严禁使用非医疗、护理、保教保育用途大功率电器。

8.6.3 门诊楼、病房楼的公共区域以及病房内的明显位置应设置安全疏散指示图，指示图上应标明疏散路线、疏散方向、安全出口位置及人员所在位置和必要的文字说明。

8.6.4 病房楼内的公共部位不应放置床位和留置过夜，不得放置可燃物和设置影响人员安全疏散的障碍物。

8.6.5 病房内氧气瓶应及时更换，不应积存。采用管道供氧时，应经常检查氧气管道的接口、面罩等，发现漏气应及时修复或更换。

8.6.6 病房楼内的氧气干管上应设置手动紧急切断气源的装置。供氧、用氧设备及其检修工具不应沾染油污。

8.6.7 重症监护室应自成一个相对独立的防火分区，通向该区的门应采用甲级防火门。

8.6.8 病房、重症监护室宜设置开敞式的阳台或凹廊。

8.6.9 护士站内存放的酒精、乙酸等易燃、易爆危险物品应由专人负责，专柜存放，并应存放在阴凉通风处，远离热源、避免阳光直射。

8.6.10 老年人照料设施、托儿所、幼儿园及儿童活动场所的厨房、烧水间应单独设置或采用耐火极限不低于2.00h的防火隔墙与其他部位分隔，墙上的门、窗应采用乙级防火门、窗。

8.5.2 医院病房避难间设置

依据标准：《建筑防火通用规范》(GB 55037—2022)。

▲7.4.8 医疗建筑的避难间设置应符合下列规定：

1 高层病房楼应在第二层及以上的病房楼层和洁净手术部设置避难间；

2 楼地面距室外设计地面高度大于24m的洁净手术部及重症监护区，每个防火分区应至少设置1间避难间；

3 每间避难间服务的护理单元不应大于2个，每个护理单元的避难区净面积不应小于25.0m^2；

4　避难间的其他防火要求，应符合本规范第 7.1.16 条的规定。

▲7.1.16　避难间应符合下列规定：

1　避难区的净面积应满足避难间所在区域设计避难人数避难的要求；

2　避难间兼作其他用途时，应采取保证人员安全避难的措施；

3　避难间应靠近疏散楼梯间，不应在可燃物库房、锅炉房、发电机房、变配电站等火灾危险性大的场所的正下方、正上方或贴邻；

4　避难间应采用耐火极限不低于 2.00h 的防火隔墙和甲级防火门与其他部位分隔；

5　避难间应采取防止火灾烟气进入或积聚的措施，并应设置可开启外窗，除外窗和疏散门外，避难间不应设置其他开口；

6　避难间内不应敷设或穿过输送可燃液体、可燃或助燃气体的管道；

7　避难间内应设置消防软管卷盘、灭火器、消防专线电话和应急广播；

8　在避难间入口处的明显位置应设置标示避难间的灯光指示标识。

医院病房场所隐患排查应用举例，如表 8-12 所示。

表 8-12　医院病房场所隐患排查应用举例

<table>
<tr><td>隐患类型</td><td colspan="2">隐患要素</td><td>隐患编号</td></tr>
<tr><td>火灾高危场所</td><td colspan="2">高层病房楼未在二层及以上的病房楼层和洁净手术部设置避难间或设置不符合规定</td><td>GB 55037-(2022)-▲7.4.8-V</td></tr>
<tr><td>依据标准</td><td colspan="3">《建筑防火通用规范》(GB 55037—2022)▲7.4.8　医疗建筑的避难间设置应符合下列规定：
1　高层病房楼应在第二层及以上的病房楼层和洁净手术部设置避难间；
2　楼地面距室外设计地面高度大于 24m 的洁净手术部及重症监护区，每个防火分区应至少设置 1 间避难间；
3　每间避难间服务的护理单元不应大于 2 个，每个护理单元的避难区净面积不应小于 25.0m²；
4　避难间的其他防火要求，应符合本规范第 7.1.16 条的规定</td></tr>
<tr><td>风险等级</td><td>整改类型</td><td>整改方式</td><td>整改措施</td></tr>
<tr><td>中风险　☑</td><td>设计安装类　☑</td><td>限期整改　☑</td><td>疏散措施　☑</td></tr>
<tr><td>表注</td><td colspan="3">强制性条文，必须严格执行</td></tr>
</table>

8.6　公共娱乐场所

8.6.1　公共娱乐场所疏散设施

依据标准：《人员密集场所消防安全管理》(GB/T 40248—2021)。

8.4.1　公共娱乐场所的每层外墙上应设置外窗（含阳台），间隔不应大于 20.0m。每个外窗的面积不应小于 1.0m²，且其短边不应小于 1.0m，窗口下沿距室内地坪不应大于 1.2m。

8.4.2 使用人数超过20人的厅、室内应设置净宽度不小于1.1m的疏散通道，活动座椅应采用固定措施。

8.4.3 疏散门或疏散通道上、疏散走道及其尽端墙面上、疏散楼梯，不应镶嵌玻璃镜面等影响人员安全疏散行动的装饰物。疏散走道上空不应悬挂装饰物、促销广告等可燃物或遮挡物。

8.4.4 休息厅、录像放映、卡拉OK及其包房内应设置声音或视频警报，保证在发生火灾时能立即将其画面、音响切换到应急广播和应急疏散指示状态。

8.4.5 各种灯具距离窗帘、幕布、布景等可燃物不应小于0.50m。

8.6.2 公共娱乐场所禁火管理

依据标准：《人员密集场所消防安全管理》(GB/T 40248—2021)。

8.4.6 场所内严禁使用明火进行表演或燃放各类烟花。

8.4.7 营业时间内和营业结束后，应指定专人进行消防安全检查，清除烟蒂等遗留火种，关闭电源。

公共娱乐场所隐患排查应用举例，如表8-13所示。

表8-13 公共娱乐场所隐患排查应用举例（一）

隐患类型	隐患要素		隐患编号
火灾高危场所	公共娱乐场所内未制定严禁使用明火进行表演或燃放各类烟花的有关规定		GB/T 40248-(2021)-8.4.2-V
依据标准	《人员密集场所消防安全管理》(GB/T 40248—2021)8.4.2 场所内严禁使用明火进行表演或燃放各类烟花		
风险等级	整改类型	整改方式	整改措施
中风险 ☑	综合管理类 ☑	当场整改 ☑	管理措施 ☑

8.6.3 公共娱乐场所建筑防火

依据标准：《公共娱乐场所消防安全管理规定》(公安部［1999］第39号)。

第七条 公共娱乐场所宜设置在耐火等级不低于二级的建筑物内；已经核准设置在三级耐火等级建筑内的公共娱乐场所，应当符合特定的防火安全要求。

公共娱乐场所不得设置在文物古建筑和博物馆、图书馆建筑内，不得毗连重要仓库或者危险物品仓库；不得在居民住宅楼内改建公共娱乐场所。

公共娱乐场所与其他建筑相毗连或者附设在其他建筑物内时，应当按照独立的防火分区设置；商住楼内的公共娱乐场所与居民住宅的安全出口应当分开设置。

第十三条　在地下建筑内设置公共娱乐场所，除符合本规定其他条款的要求外，还应当符合下列规定：

（一）只允许设在地下一层；

（二）通往地面的安全出口不应少于二个，安全出口、楼梯和走道的宽度应当符合有关建筑设计防火规范的规定；

（三）应当设置机械防烟排烟设施；

（四）应当设置火灾自动报警系统和自动喷水灭火系统；

（五）严禁使用液化石油气。

公共娱乐场所隐患排查应用举例，如表 8-14 所示。

表 8-14　公共娱乐场所隐患排查应用举例（二）

隐患类型	隐患要素		隐患编号
火灾高危场所	在地下建筑内设置公共娱乐场所安全出口数量设置不符合规定		公安部令-39(1999)-13(2)-V
依据标准	《公共娱乐场所消防安全管理规定》(公安部令[1999]第 39 号)第十三条　在地下建筑内设置公共娱乐场所，除符合本规定其他条款的要求外，还应当符合下列规定： （二）通往地面的安全出口不应少于二个，安全出口、楼梯和走道的宽度应当符合有关建筑设计防火规范的规定		
条文说明	公共娱乐场所只允许设置在地下一层；安全出口不应少于二个		
风险等级	整改类型	整改方式	整改措施
中风险　☑	使用维护类　☑	限期整改　☑	管理措施　☑

8.7　老年设施场所

8.7.1　老年设施场所层数

依据标准：《建筑防火通用规范》(GB 55037—2022)。

▲4.3.5　老年人照料设施的布置应符合下列规定：

1　对于一、二级耐火等级建筑，不应布置在楼地面设计标高大于 54m 的楼层上；

2　对于三级耐火等级建筑，应布置在首层或二层；

3　居室和休息室不应布置在地下或半地下；

4　老年人公共活动用房、康复与医疗用房，应布置在地下一层及以上楼层，当布置在半地下或地下一层、地上四层及以上楼层时，每个房间的建筑面积不应大于 200m^2 且使用人数不应大于 30 人。

▲4.3.8　Ⅰ级木结构建筑中的下列场所应布置在首层、二层或三层：

2　儿童活动场所、老年人照料设施。

▲4.3.9　Ⅱ级木结构建筑中的下列场所应布置在首层或二层：

2　儿童活动场所、老年人照料设施。

▲5.3.3　除本规范第5.3.1条、第5.3.2条规定的建筑外，下列民用建筑的耐火等级不应低于三级：

2　老年人照料设施、教学建筑、医疗建筑。

▲6.4.1　防火门、防火窗应具有自动关闭的功能，在关闭后应具有烟密闭的性能。宿舍的居室、老年人照料设施的老年人居室、旅馆建筑的客房开向公共内走廊或封闭式外走廊的疏散门，应在关闭后具有烟密闭的性能。宿舍的居室、旅馆建筑的客房的疏散门，应具有自动关闭的功能。

▲6.6.2　建筑的外围护结构采用保温材料与两侧不燃性结构构成无空腔复合保温结构体时，该复合保温结构体的耐火极限不应低于所在外围护结构的耐火性能要求。当保温材料的燃烧性能为B1级或B2级时，保温材料两侧不燃性结构的厚度均不应小于50mm。

▲6.6.4　除本规范第6.6.2条规定的情况外，下列老年人照料设施的内、外保温系统和屋面保温系统均应采用燃烧性能为A级的保温材料或制品：

1　独立建造的老年人照料设施；

2　与其他功能的建筑组合建造且老年人照料设施部分的总建筑面积大于500m^{2}的老年人照料设施。

老年设施场所隐患排查应用举例，如表8-15所示。

表8-15　老年设施场所隐患排查应用举例（一）

隐患类型	隐患要素		隐患编号
火灾高危场所	老年人照料设施设置楼层、面积、使用人数等不符合规定		GB 55037-(2022)-▲4.3.5(4)-V
依据标准	《建筑防火通用规范》(GB 55037—2022)▲4.3.5　老年人照料设施的布置应符合下列规定： 4　老年人公共活动用房、康复与医疗用房，应布置在地下一层及以上楼层，当布置在半地下或地下一层、地上四层及以上楼层时，每个房间的建筑面积不应大于200m^{2}且使用人数不应大于30人		
风险等级	整改类型	整改方式	整改措施
中风险 ☑	使用维护类 ☑	限期整改 ☑	管理措施 ☑
表注	强制性条文，必须严格执行		

8.7.2　老年设施场所报警设施

老年设施场所隐患排查应用举例，如表8-16所示。

表 8-16　老年设施场所隐患排查应用举例（二）

隐患类型	隐患要素		隐患编号
火灾高危场所	老年人用房及其公共走道未设置火灾探测器和声光警报装置或消防广播		GB 55037-(2022)-▲8.3.2(8)-V
依据标准	《建筑防火通用规范》(GB 55037—2022)▲8.3.2　下列民用建筑或场所应设置火灾自动报警系统： 8　托儿所、幼儿园，老年人照料设施，任一层建筑面积大于 500m² 或总建筑面积大于 1000m² 的其他儿童活动场所		
条文说明	设置火灾自动报警系统有利于早期预警，有利于降低安全疏散风险		
风险等级	整改类型	整改方式	整改措施
中风险　☑	使用维护类　☑	限期整改　☑	管理措施　☑
表注	▲强制性条文，必须严格执行		

8.7.3　老年设施场所建筑防火

老年设施场所隐患排查应用举例，如表 8-17 所示。

表 8-17　老年设施场所隐患排查应用举例（三）

隐患类型	隐患要素		隐患编号
火灾高危场所	老年人照料设施的厨房、烧水间等未单独设置或未按规定采用防火分隔设施		GB/T 40248-(2021)-8.6.10-V
依据标准	《人员密集场所消防安全管理》(GB/T 40248—2021)8.6.10　老年人照料设施、托儿所、幼儿园及儿童活动场所的厨房、烧水间应单独设置或采用耐火极限不低于 2.00h 的防火隔墙与其他部位分隔，墙上的门、窗应采用乙级防火门、窗		
风险等级	整改类型	整改方式	整改措施
中风险　☑	使用维护类　☑	限期整改　☑	管理措施　☑

8.8　高层民用建筑

8.8.1　民用建筑分类

依据标准：《建筑设计防火规范》[GB 50016—2014（2018 年版）]。

5.1.1　民用建筑根据其建筑高度和层数可分为单、多层民用建筑和高层民用建筑。高层民用建筑根据其建筑高度、使用功能和楼层的建筑面积可分为一类和二类。民用建筑的分类应符合表 5.1.1 的规定。

表 5.1.1 民用建筑的分类

<table>
<tr><th rowspan="2">名称</th><th colspan="2">高层民用建筑</th><th rowspan="2">单、多层民用建筑</th></tr>
<tr><th>一类</th><th>二类</th></tr>
<tr><td>住宅建筑</td><td>建筑高度大于 54m 的住宅建筑(包括设置商业服务网点的住宅建筑)</td><td>建筑高度大于 27m,但不大于 54m 的住宅建筑(包括设置商业服务网点的住宅建筑)</td><td>建筑高度不大于 27m 的住宅建筑(包括设置商业服务网点的住宅建筑)</td></tr>
<tr><td>公共建筑</td><td>1.建筑高度大于 50m 的公共建筑;
2.建筑高度 24m 以上部分任一楼层建筑面积大于 1000m² 的商店、展览、电信、邮政、财贸金融建筑和其他多种功能组合的建筑;
3.医疗建筑、重要公共建筑、独立建造的老年人照料设施;
4.省级及以上的广播电视和防灾指挥调度建筑、网局级和省级电力调度建筑;
5.藏书超过 100 万册的图书馆、书库</td><td>除一类高层公共建筑外的其他高层公共建筑</td><td>1.建筑高度大于 24m 的单层公共建筑;
2.建筑高度不大于 24m 的其他公共建筑</td></tr>
</table>

注:1.表中未列入的建筑,其类别应根据本表类比确定。

2.除本规范另有规定外,宿舍、公寓等非住宅类居住建筑的防火要求,应符合本规范有关公共建筑的规定;

3.除本规范另有规定外,裙房的防火要求应符合本规范有关高层民用建筑的规定。

8.8.2 民用建筑耐火等级

依据标准:《建筑设计防火规范》[GB 50016—2014 (2018 年版)]。

5.1.2 民用建筑的耐火等级可分为一、二、三、四级。除本规范另有规定外,不同耐火等级建筑相应构件的燃烧性能和耐火极限不应低于表 5.1.2 的规定。

表 5.1.2 不同耐火等级建筑相应构件的燃烧性能和耐火极限 (h)

<table>
<tr><th colspan="2" rowspan="2">构件名称</th><th colspan="4">耐火等级</th></tr>
<tr><th>一级</th><th>二级</th><th>三级</th><th>四级</th></tr>
<tr><td rowspan="6">墙</td><td>防火墙</td><td>不燃性 3.00</td><td>不燃性 3.00</td><td>不燃性 3.00</td><td>不燃性 3.00</td></tr>
<tr><td>承重墙</td><td>不燃性 3.00</td><td>不燃性 2.50</td><td>不燃性 2.00</td><td>难燃性 0.50</td></tr>
<tr><td>非承重外墙</td><td>不燃性 1.00</td><td>不燃性 1.00</td><td>不燃性 0.50</td><td>可燃性</td></tr>
<tr><td>楼梯间和前室的墙
电梯井的墙
住宅建筑单元之间的墙和分户墙</td><td>不燃性 2.00</td><td>不燃性 2.00</td><td>不燃性 1.50</td><td>难燃性 0.50</td></tr>
<tr><td>疏散走道两侧的隔墙</td><td>不燃性 1.00</td><td>不燃性 1.00</td><td>不燃性 0.50</td><td>难燃性 0.25</td></tr>
<tr><td>房间隔墙</td><td>不燃性 0.75</td><td>不燃性 0.50</td><td>难燃性 0.50</td><td>难燃性 0.25</td></tr>
</table>

续表

构件名称	耐火等级			
	一级	二级	三级	四级
柱	不燃性 3.00	不燃性 2.50	不燃性 2.00	难燃性 0.50
梁	不燃性 2.00	不燃性 1.50	不燃性 1.00	难燃性 0.50
楼板	不燃性 1.50	不燃性 1.00	不燃性 0.50	可燃性
屋顶承重构件	不燃性 1.50	不燃性 1.00	可燃性 0.50	可燃性
疏散楼梯	不燃性 1.50	不燃性 1.00	不燃性 0.50	可燃性
吊顶(包括吊顶搁栅)	不燃性 0.25	难燃性 0.25	难燃性 0.15	可燃性

注：1.除本规范另有规定外，以木柱承重且墙体采用不燃材料的建筑，其耐火等级应按四级确定。

2.住宅建筑构件的耐火极限和燃烧性能可按现行国家标准《住宅建筑规范》(GB 50368)的规定执行。

8.8.3　民用建筑防火间距

依据标准：《建筑防火通用规范》(GB 55037—2022)。

▲3.3.1　除裙房与相邻建筑的防火间距可按单、多层建筑确定外，建筑高度大于100m的民用建筑与相邻建筑的防火间距应符合下列规定：

1　与高层民用建筑的防火间距不应小于13m；

2　与一、二级耐火等级单、多层民用建筑的防火间距不应小于9m；

3　与三级耐火等级单、多层民用建筑的防火间距不应小于11m；

4　与四级耐火等级单、多层民用建筑和木结构民用建筑的防火间距不应小于14m。

▲3.3.2　相邻两座通过连廊、天桥或下部建筑物等连接的建筑，防火间距应按照两座独立建筑确定。

8.8.4　上下连通与中庭建筑

依据标准：《建筑防火通用规范》(GB 55037—2022)。

▲4.1.2　工业与民用建筑、地铁车站、平时使用的人民防空工程应综合其高度（埋深)、使用功能和火灾危险性等因素，根据有利于消防救援、控制火灾及降低火灾危害的原则划分防火分区。防火分区的划分应符合下列规定：

2　建筑内竖向按自然楼层划分防火分区时，除允许设置敞开楼梯间的建筑外，防火分区的建筑面积应按上、下楼层中在火灾时未封闭的开口所连通区域的建筑面积之和计算；

4　除建筑内游泳池、消防水池等的水面、冰面或雪面面积，射击场的靶道面积，污水沉降池面积，开敞式的外走廊或阳台面积等可不计入防火分区的建筑面积外，其他建筑面积均应计入所在防火分区的建筑面积；

▲8.2.2　除不适合设置排烟设施的场所、火灾发展缓慢的场所可不设置排烟设施外，工业与民用建筑的下列场所或部位应采取排烟烟气控制措施：

9　中庭。

▲2.2.5　除有特殊功能、性能要求或火灾发展缓慢的场所可不在外墙或屋顶设置应急排烟排热设施外，下列无可开启外窗的地上建筑或部位均应在其每层外墙和（或）屋顶上设置应急排烟排热设施，且该应急排烟排热设施应具有手动、联动或依靠烟气温度等方式自动开启的功能：

5　靠外墙或贯通至建筑屋顶的中庭。

高层民用建筑隐患排查应用举例，如表8-18所示。

表8-18　高层民用建筑隐患排查应用举例（一）

隐患类型	隐患要素		隐患编号
火灾高危场所	中庭建筑未按规定设置防火分隔设施，中庭内未设置排烟设施		GB 55037-(2022)-▲8.2.2(9)
依据标准	《建筑防火通用规范》(GB 55037—2022)▲8.2.2　除不适合设置排烟设施的场所、火灾发展缓慢的场所可不设置排烟设施外，工业与民用建筑的下列场所或部位应采取排烟烟气控制措施： 9　中庭。		
条文说明	中庭通常是指建筑内部的庭院空间或将上下层连通的建筑，一旦发生火灾容易使火灾扩大蔓延		
风险等级	整改类型	整改方式	整改措施
中风险　☑	综合管理类　☑	限期整改　☑	管理措施　☑
表注	▲强制性条文，必须严格执行		

8.8.5　民用建筑平面布置

依据标准：《建筑防火通用规范》(GB 55037—2022)。

▲4.3.1　民用建筑内不应设置经营、存放或使用甲、乙类火灾危险性物品的商店、作坊或储藏间等。民用建筑内除可设置为满足建筑使用功能的附属库房外，不应设置生产场所或其他库房，不应与工业建筑组合建造。

▲4.3.3　商店营业厅、公共展览厅等的布置应符合下列规定：

1　对于一、二级耐火等级建筑，应布置在地下二层及以上的楼层；

2　对于三级耐火等级建筑，应布置在首层或二层；

> 3　对于四级耐火等级建筑，应布置在首层。
> ▲4.3.8　Ⅰ级木结构建筑中的下列场所应布置在首层、二层或三层：
> 1　商店营业厅、公共展览厅等。
> ▲4.3.9　Ⅱ级木结构建筑中的下列场所应布置在首层或二层：
> 1　商店营业厅、公共展览厅等。

高层民用建筑隐患排查应用举例，如表 8-19 所示。

表 8-19　高层民用建筑隐患排查应用举例（二）

隐患类型	隐患要素		隐患编号
火灾高危场所	民用建筑内除可设置为满足建筑使用功能的附属库房外，设置生产场所或其他库房，与工业建筑组合建造		GB 55037-(2022)-▲4.3.1-Ⅴ
依据标准	《建筑防火通用规范》(GB 55037—2022)▲4.3.1　民用建筑内不应设置经营、存放或使用甲、乙类火灾危险性物品的商店、作坊或储藏间等。民用建筑内除可设置为满足建筑使用功能的附属库房外，不应设置生产场所或其他库房，不应与工业建筑组合建造		
风险等级	整改类型	整改方式	整改措施
中风险　☑	综合管理类　☑	限期整改　☑	管理措施　☑
表注	▲强制性条文，必须严格执行		

8.8.6　公共建筑疏散设施

依据标准：《建筑防火通用规范》(GB 55037—2022)。

> ▲7.1.3　建筑中的最大疏散距离应根据建筑的耐火等级、火灾危险性、空间高度、疏散楼梯（间）的形式和使用人员的特点等因素确定，并应符合下列规定：
> 1　疏散距离应满足人员安全疏散的要求；
> 2　房间内任一点至房间疏散门的疏散距离，不应大于建筑中位于袋形走道两侧或尽端房间的疏散门至最近安全出口的最大允许疏散距离。

高层民用建筑隐患排查应用举例，如表 8-20、表 8-21 所示。

表 8-20　高层民用建筑隐患排查应用举例（三）

隐患类型	隐患要素	隐患编号
火灾高危场所	人员密集场所的公共场所等疏散门设有门槛，通向室外通道净宽度不符合规定	GB 50016-(2014)-5.5.19-Ⅴ

续表

依据标准	《建筑设计防火规范》[GB 50016—2014(2018年版)]5.5.19　人员密集的公共场所、观众厅的疏散门不应设置门槛，其净宽度不应小于1.40m，且紧靠门口内外各1.40m范围内不应设置踏步。人员密集的公共场所的室外疏散通道的净宽度不应小于3.00m，并应直接通向宽敞地带		
风险等级	整改类型	整改方式	整改措施
中风险 ☑	综合管理类 ☑	限期整改 ☑	管理措施 ☑

表 8-21　高层民用建筑隐患排查应用举例（四）

隐患类型	隐患要素		隐患编号
火灾高危场所	人员密集场所的公共建筑在窗口、阳台等部位设置封闭的金属栅栏		GB 50016-(2014)-5.5.22-Ⅱ
依据标准	《建筑设计防火规范》[GB 50016—2014(2018年版)]5.5.22　人员密集的公共建筑不宜在窗口、阳台等部位设置封闭的金属栅栏，确需设置时，应能从内部易于开启；窗口、阳台等部位宜根据其高度设置适用的辅助疏散逃生设施		
风险等级	整改类型	整改方式	整改措施
中风险 ☑	设计安装类 ☑	限期整改 ☑	限制措施 ☑

8.8.7　高层民用建筑避难设施

依据标准：《建筑防火通用规范》（GB 55037—2022）。

▲7.1.14　建筑高度大于100m的工业与民用建筑应设置避难层，且第一个避难层的楼面至消防车登高操作场地地面的高度不应大于50m。

▲7.1.15　避难层应符合下列规定：

1　避难区的净面积应满足该避难层与上一避难层之间所有楼层的全部使用人数避难的要求。

2　除可布置设备用房外，避难层不应用于其他用途。设置在避难层内的可燃液体管道、可燃或助燃气体管道应集中布置，设备管道区应采用耐火极限不低于3.00h的防火隔墙与避难区及其他公共区分隔。管道井和设备间应采用耐火极限不低于2.00h的防火隔墙与避难区及其他公共区分隔。设备管道区、管道井和设备间与避难区或疏散走道连通时，应设置防火隔间，防火隔间的门应为甲级防火门。

3　避难层应设置消防电梯出口、消火栓、消防软管卷盘、灭火器、消防专线电话和应急广播。

4　在避难层进入楼梯间的入口处和疏散楼梯通向避难层的出口处，均应在明显位置设置标示避难层和楼层位置的灯光指示标识。

5　避难区应采取防止火灾烟气进入或积聚的措施，并应设置可开启外窗。

6　避难区应至少有一边水平投影位于同一侧的消防车登高操作场地范围内。

8.2.1　下列部位应采取防烟措施：

4　避难层、避难间。

▲10.1.9　除筒仓、散装粮食仓库和火灾发展缓慢的场所外，厂房、丙类仓库、民用建筑、平时使用的人民防空工程等建筑中的下列部位应设置疏散照明：

1　安全出口、疏散楼梯（间）、疏散楼梯间的前室或合用前室、避难走道及其前室、避难层、避难间、消防专用通道、兼作人员疏散的天桥和连廊；

▲10.1.10　建筑内疏散照明的地面最低水平照度应符合下列规定：

1　疏散楼梯间、疏散楼梯间的前室或合用前室、避难走道及其前室、避难层、避难间、消防专用通道，不应低于 10.0lx。

高层民用建筑隐患排查应用举例，如表 8-22 所示。

表 8-22　高层民用建筑隐患排查应用举例（五）

隐患类型	隐患要素		隐患编号
火灾高危场所	建筑高度大于 100m 的公共建筑未按规定设置避难层(间)或设置不符合规定		GB 55037-(2022)-▲7.1.14-V
依据标准	《建筑防火通用规范》(GB 55037—2022)▲7.1.14　建筑高度大于 100m 的工业与民用建筑应设置避难层，且第一个避难层的楼面至消防车登高操作场地地面的高度不应大于 50m		
风险等级	整改类型	整改方式	整改措施
中风险 ☑	综合管理类 ☑	限期整改 ☑	管理措施 ☑
表注	▲强制性条文，必须严格执行		

8.8.8　高层民用建筑管理

依据标准：《高层民用建筑消防安全管理规定》(应急管理部令［2021］第 5 号)。

共 6 章 51 条。第一章　总则、第二章　消防安全职责、第三章　消防安全管理、第四章　消防宣传教育与灭火疏散预案、第五章　法律责任、第六章　附则。

制定目的：为了加强高层民用建筑消防安全管理，预防火灾和减少火灾危害，根据《中华人民共和国消防法》等法律、行政法规和国务院有关规定，制定本规定。

适用范围：本规定适用于已经建成且依法投入使用的高层民用建筑（包括高层住宅建筑和高层公共建筑）的消防安全管理。

实施要求：高层民用建筑消防安全管理贯彻预防为主、防消结合的方针，实行消防安全责任制。建筑高度超过 100 米的高层民用建筑应当实行更加严格的消防安全管理。

施行时间：本规定自 2021 年 8 月 1 日起施行。

8.8.8.1　高层民用建筑外墙保温

高层民用建筑隐患排查应用举例，如表 8-23、表 8-24 所示。

表 8-23　高层民用建筑隐患排查应用举例（六）

隐患类型	隐患要素		隐患编号
火灾高危场所	高层民用建筑设有建筑外墙保温系统未按规定设置提示性和警示性标识		应急管理部令-5(2021)-19-Ⅴ
依据标准	《高层民用建筑消防安全管理规定》(应急管理部令[2021]第5号)第十九条　设有建筑外墙外保温系统的高层民用建筑,其管理单位应当在主入口及周边相关显著位置,设置提示性和警示性标识,标示外墙外保温材料的燃烧性能、防火要求。对高层民用建筑外墙外保温系统破损、开裂和脱落的,应当及时修复。高层民用建筑在进行外墙外保温系统施工时,建设单位应当采取必要的防火隔离以及限制住人和使用的措施,确保建筑内人员安全。 禁止使用易燃、可燃材料作为高层民用建筑外墙外保温材料。禁止在其建筑内及周边禁放区域燃放烟花爆竹;禁止在其外墙周围堆放可燃物。对于使用难燃外墙外保温材料或者采用与基层墙体、装饰层之间有空腔的建筑外墙外保温系统的高层民用建筑,禁止在其外墙动火用电		
风险等级	整改类型	整改方式	整改措施
中风险 ☑	使用维护 ☑	限期整改 ☑	管理措施 ☑

表 8-24　高层民用建筑隐患排查应用举例（七）

隐患类型	隐患要素		隐患编号
火灾高危场所	高层民用建筑的户外广告牌、外装饰未按规定采用难燃或不燃材料,设置的装饰、广告牌不易于破拆		应急管理部令-5(2021)-21-Ⅴ
依据标准	《高层民用建筑消防安全管理规定》(应急管理部令[2021]第5号)第二十一条　高层民用建筑的户外广告牌、外装饰不得采用易燃、可燃材料,不得妨碍防烟排烟、逃生和灭火救援,不得改变或者破坏建筑立面防火结构。禁止在高层民用建筑外窗设置影响逃生和灭火救援的障碍物。建筑高度超过50米的高层民用建筑外墙上设置的装饰、广告牌应当采用不燃材料并易于破拆		
风险等级	整改类型	整改方式	整改措施
中风险 ☑	使用维护 ☑	限期整改 ☑	管理措施 ☑

8.8.8.2　高层民用建筑重点部位

高层民用建筑隐患排查应用举例，如表 8-25 所示。

表 8-25　高层民用建筑隐患排查应用举例（八）

隐患类型	隐患要素		隐患编号
火灾高危场所	高层民用建筑未按规定设置消防安全重点部位		应急管理部令-5(2021)-25-Ⅴ
依据标准	《高层民用建筑消防安全管理规定》(应急管理部令[2021]第5号)第二十五条　高层民用建筑内的锅炉房、变配电室、空调机房、自备发电机房、储油间、消防水泵房、消防水箱间、防排烟风机房等设备用房应当按照消防技术标准设置,确定为消防安全重点部位,设置明显的防火标志,实行严格管理,并不得占用和堆放杂物		
风险等级	整改类型	整改方式	整改措施
中风险 ☑	使用维护 ☑	限期整改 ☑	管理措施 ☑

8.8.8.3　高层民用建筑辅助疏散设施

高层民用建筑隐患排查应用举例，如表 8-26 所示。

表 8-26 高层民用建筑隐患排查应用举例（九）

隐患类型	隐患要素		隐患编号
火灾高危场所	高层民用建筑未按规定配备灭火器材及逃生疏散设施器材		应急管理部令-5(2021)-30-Ⅴ
依据标准	《高层民用建筑消防安全管理规定》(应急管理部令[2021]第 5 号)第三十条 高层公共建筑的业主、使用人应当按照国家标准、行业标准配备灭火器材以及自救呼吸器、逃生缓降器、逃生绳等逃生疏散设施器材。 高层住宅建筑应当在公共区域的显著位置摆放灭火器材，有条件的配置自救呼吸器、逃生绳、救援哨、疏散用手电筒等逃生疏散设施器材。鼓励高层住宅建筑的居民家庭制定火灾疏散逃生计划，并配置必要的灭火和逃生疏散器材		
风险等级	整改类型	整改方式	整改措施
中风险 ☑	使用维护 ☑	限期整改 ☑	管理措施 ☑

8.8.8.4 高层民用消防防火检查

高层民用建筑隐患排查应用举例，如表 8-27、表 8-28 所示。

表 8-27 高层民用建筑隐患排查应用举例（十）

隐患类型	隐患要素		隐患编号
火灾高危场所	高层民用建筑未按规定进行每日防火巡查并填写巡查记录		应急管理部令-5(2021)-34-Ⅴ
依据标准	《高层民用建筑消防安全管理规定》(应急管理部令[2021]第 5 号)第三十四条 高层民用建筑应当进行每日防火巡查，并填写巡查记录。其中，高层公共建筑内公众聚集场所在营业期间应当至少每 2 小时进行一次防火巡查，医院、养老院、寄宿制学校、幼儿园应当进行白天和夜间防火巡查，高层住宅建筑和高层公共建筑内的其他场所可以结合实际确定防火巡查的频次。 防火巡查应当包括下列内容：(一)用火、用电、用气有无违章情况；(二)安全出口、疏散通道、消防车通道畅通情况；(三)消防设施、器材完好情况，常闭式防火门关闭情况；(四)消防安全重点部位人员在岗在位等情况		
风险等级	整改类型	整改方式	整改措施
中风险 ☑	使用维护 ☑	限期整改 ☑	管理措施 ☑

表 8-28 高层民用建筑隐患排查应用举例（十一）

隐患类型	隐患要素		隐患编号
火灾高危场所	高层民用建筑未按规定每月开展一次防火检查并填写检查记录		应急管理部令-5(2021)-35-Ⅴ
依据标准	《高层民用建筑消防安全管理规定》(应急管理部令[2021]第 5 号)第三十五条 高层住宅建筑应当每月至少开展一次防火检查，高层公共建筑应当每半个月至少开展一次防火检查，并填写检查记录。 防火检查应当包括下列内容：(一)安全出口和疏散设施情况；(二)消防车通道、消防车登高操作场地和消防水源情况；(三)灭火器材配置及有效情况；(四)用火、用电、用气和危险品管理制度落实情况；(五)消防控制室值班和消防设施运行情况；(六)人员教育培训情况；(七)重点部位管理情况；(八)火灾隐患整改以及防范措施的落实等情况		
风险等级	整改类型	整改方式	整改措施
中风险 ☑	使用维护 ☑	限期整改 ☑	管理措施 ☑

8.8.8.5 高层民用建筑电动自行车

高层民用建筑隐患排查应用举例，如表 8-29 所示。

表 8-29 高层民用建筑隐患排查应用举例（十二）

隐患类型	隐患要素		隐患编号
火灾高危场所	高层民用建筑未按规定禁止在公共门厅、疏散走道、楼梯间等停放电动自行车或为其充电		应急管理部令 -5(2021)-37-Ⅴ
依据标准	《高层民用建筑消防安全管理规定》(应急管理部令[2021]第 5 号)第三十七条　禁止在高层民用建筑公共门厅、疏散走道、楼梯间、安全出口停放电动自行车或者为电动自行车充电。 鼓励在高层住宅小区内设置电动自行车集中存放和充电的场所。电动自行车存放、充电场所应当独立设置，并与高层民用建筑保持安全距离；确需设置在高层民用建筑内的，应当与该建筑的其他部分进行防火分隔。电动自行车存放、充电场所应当配备必要的消防器材，充电设施应当具备充满自动断电功能		
风险等级	整改类型	整改方式	整改措施
中风险 ☑	使用维护 ☑	限期整改 ☑	管理措施 ☑

8.8.8.6 高层民用建筑消防安全评估

高层民用建筑隐患排查应用举例，如表 8-30 所示。

表 8-30 高层民用建筑隐患排查应用举例（十三）

隐患类型	隐患要素		隐患编号
火灾高危场所	高层民用建筑未按规定每年组织开展一次整栋建筑的消防安全评估		应急管理部令 -5(2021)-39-Ⅴ
依据标准	《高层民用建筑消防安全管理规定》(应急管理部令[2021]第 5 号)第三十九条　高层民用建筑的业主、使用人或者消防服务单位、统一管理人应当每年至少组织开展一次整栋建筑的消防安全评估。消防安全评估报告应当包括存在的消防安全问题、火灾隐患以及改进措施等内容		
风险等级	整改类型	整改方式	整改措施
中风险 ☑	使用维护 ☑	限期整改 ☑	管理措施 ☑

8.9 大型商业综合体

《大型商业综合体消防安全管理规则（试行）》(应急消［2019］第 314 号)。

共 15 章 82 条。主要章目：第一章　总则、第二章　消防安全责任、第三章　建筑消防设施管理、第四章　安全疏散与避难逃生管理、第五章　灭火和应急救援设施管理、第六章　消防安全重点部位管理、第七章　日常消防安全管理、第八章　消防控制室管理、第九章　用火用电安全管理、第十章　装修施工管理、第十一章　防火巡查检查和火灾隐患整改、第十二章　消防安全宣传教育和培训、第十三章　灭火和应急疏散预案编制和演练、第十四章专兼职消防队伍建设和管理、第十五章　消防档案管理。

适用范围：商业综合体是指集购物、住宿、餐饮、娱乐、展览、交通枢纽等两种或两种以上功能于一体的单体建筑和通过地下连片车库、地下连片商业空间、下沉式广场、连廊等方式连接的多栋商业建筑组合体。

本规则适用于已建成并投入使用且建筑面积不小于 5 万平方米的商业综合体（以下简称“大型商业综合体”），其他商业综合体可参照执行。

发布日期：2019 年 11 月 26 日。

8.9.1　大型商业综合体消防职责

大型商业综合体隐患排查应用举例，如表 8-31、表 8-32 所示。

表 8-31　大型商业综合体隐患排查应用举例（一）

隐患类型	隐患要素		隐患编号
火灾高危场所	大型商业综合体承包方未按规定订立相应合同并明确各方的消防安全责任		应急消-314 (2019)-8-V
依据标准	《大型商业综合体消防安全管理规则(试行)》(应急消[2019]第 314 号)第八条　大型商业综合体以承包、租赁或者委托经营等形式交由承包人、承租人、经营管理人使用的，当事人在订立承包、租赁、委托管理等合同时，应当明确各方消防安全责任。 实行承包、租赁或委托经营管理时，产权单位应当提供符合消防安全要求的建筑物，并督促使用单位加强消防安全管理。承包人、承租人或者受委托经营管理者，在其使用、经营和管理范围内应当履行消防安全职责		
风险等级	整改类型	整改方式	整改措施
中风险　☑	使用维护　☑	限期整改　☑	管理措施　☑

表 8-32　大型商业综合体隐患排查应用举例（二）

隐患类型	隐患要素		隐患编号
火灾高危场所	大型商业综合体有两个以上产权单位、使用单位未按规定明确各方的消防安全责任		应急消-314 (2019)-10-V
依据标准	《大型商业综合体消防安全管理规则(试行)》(应急消[2019]第 314 号)第十条　大型商业综合体有两个以上产权单位、使用单位的，各单位对其专有部分的消防安全负责，对共有部分的消防安全共同负责。 大型商业综合体有两个以上产权单位、使用单位的，应当明确一个产权单位、使用单位，或者共同委托一个委托管理单位作为统一管理单位，并明确统一消防安全管理人，对共用的疏散通道、安全出口、建筑消防设施和消防车通道等实施统一管理，同时协调、指导各单位共同做好大型商业综合体的消防安全管理工作。		
风险等级	整改类型	整改方式	整改措施
中风险　☑	使用维护　☑	限期整改　☑	管理措施　☑

8.9.2 大型商业综合体消防安全管理人

大型商业综合体隐患排查应用举例，如表 8-33 所示。

表 8-33 大型商业综合体隐患排查应用举例（三）

隐患类型	隐患要素		隐患编号
火灾高危场所	大型商业综合体的消防安全管理人未按规定取得注册消防工程师执业资格或工程类中级以上专业技术职称		应急消-314（2019）-12-Ⅴ
依据标准	《大型商业综合体消防安全管理规则（试行）》（应急消[2019]第 314 号）第十二条 消防安全管理人对消防安全责任人负责，应当具备与其职责相适应的消防安全知识和管理能力，取得注册消防工程师执业资格或者工程类中级以上专业技术职称，并应当履行下列消防安全职责……		
风险等级	整改类型	整改方式	整改措施
中风险 ☑	使用维护 ☑	限期整改 ☑	管理措施 ☑

8.9.3 大型商业综合体消防设施标识

大型商业综合体隐患排查应用举例，如表 8-34 所示。

表 8-34 大型商业综合体隐患排查应用举例（四）

隐患类型	隐患要素		隐患编号
火灾高危场所	大型商业综合体建筑消防设施未按规定设置提示性和警示性标识及使用方法标识		应急消-314（2019）-18-Ⅴ
依据标准	《大型商业综合体消防安全管理规则（试行）》（应急消[2019]第 314 号）第十八条 室内消火栓、机械排烟口、防火卷帘、常闭式防火门等建筑消防设施应当设置明显的提示性、警示性标识；消火栓箱、灭火器箱上应当张贴使用方法标识		
风险等级	整改类型	整改方式	整改措施
中风险 ☑	使用维护 ☑	限期整改 ☑	管理措施 ☑

8.9.4 大型商业综合体消防设施

大型商业综合体隐患排查应用举例，如表 8-35 所示。

表 8-35 大型商业综合体隐患排查应用举例（五）

隐患类型	隐患要素	隐患编号
火灾高危场所	大型商业综合体建筑消防设施的消防用电设备的配电柜控制开关未按规定处于自动（接通）位置	应急消-314（2019）-19-Ⅴ

续表

依据标准	《大型商业综合体消防安全管理规则(试行)》(应急消[2019]第314号)第十九条　建筑消防给水设施的管道阀门均应处于正常运行位置,并具有开/关的状态标识;对需要保持常开或常闭状态的阀门,应当采取铅封、标识等限位措施。 消防水池、气压水罐或高位消防水箱等消防储水设施的水量或水位应当符合设计要求;消防水泵、防排烟风机、防火卷帘等消防用电设备的配电柜控制开关应当处于自动(接通)位置		
风险等级	整改类型	整改方式	整改措施
中风险　☑	使用维护　☑	限期整改　☑	管理措施　☑

8.9.5　大型商业综合体防火分隔设施

大型商业综合体隐患排查应用举例，如表8-36所示。

表8-36　大型商业综合体隐患排查应用举例（六）

隐患类型	隐患要素		隐患编号
火灾高危场所	大型商业综合体建筑防火分隔设施未按规定保持完整有效状态		应急消-314 (2019)-20-Ⅴ
依据标准	《大型商业综合体消防安全管理规则(试行)》(应急消[2019]第314号)第二十条　防火门、防火卷帘、防火封堵等防火分隔设施应当保持完整有效。防火卷帘、防火门应可正常关闭,且下方及两侧各0.5米范围内不得放置物品,并应用黄色标识线划定范围。室内消火栓箱不得上锁,箱内设备应当齐全、完好,禁止圈占、遮挡消火栓,禁止在消火栓箱内堆放杂物		
风险等级	整改类型	整改方式	整改措施
中风险　☑	使用维护　☑	限期整改　☑	管理措施　☑

8.9.6　大型商业综合体安全疏散设施

大型商业综合体隐患排查应用举例，如表8-37所示。

表8-37　大型商业综合体隐患排查应用举例（七）

隐患类型	隐患要素		隐患编号
火灾高危场所	大型商业综合体设有门禁系统的疏散门未按规定设置在火灾时能开启使用功能		应急消-314 (2019)-26-Ⅴ
依据标准	《大型商业综合体消防安全管理规则(试行)》(应急消[2019]第314号)第二十六条　大型商业综合体平时需要控制人员随意出入的安全出口、疏散门或设置门禁系统的疏散门,应当保证火灾时能从内部直接向外推开,并应当在门上设置"紧急出口"标识和使用提示。可根据实际需要选用以下方法之一或其他等效的方法: 1.设置安全控制与报警逃生门锁系统,其报警延迟时间不应超过15秒; 2.设置能远程控制和现场手动开启的电磁门锁装置,且与火灾自动报警系统联动; 3.设置推闩式外开门		
风险等级	整改类型	整改方式	整改措施
中风险　☑	使用维护　☑	限期整改　☑	管理措施　☑

8.9.7 大型商业综合体用火动火管理

大型商业综合体隐患排查应用举例，如表 8-38 所示。

表 8-38 大型商业综合体隐患排查应用举例（八）

隐患类型	隐患要素		隐患编号
火灾高危场所	大型商业综合体用火、动火安全管理不符合规定		应急消-314 (2019)-48-V
依据标准	《大型商业综合体消防安全管理规则(试行)》(应急消[2019]第 314 号)第四十八条　用火、动火安全管理应当符合下列要求： 1.严禁在营业时间进行动火作业； 2.电气焊等明火作业前，实施动火的部门和人员应当按照消防安全管理制度办理动火审批手续，并在建筑主要出入口和作业现场醒目位置张贴公示； 3.动火作业现场应当清除可燃、易燃物品，配置灭火器材，落实现场监护人和安全措施，在确认无火灾、爆炸危险后方可动火作业，作业后应当到现场复查，确保无遗留火种； 4.需要动火作业的区域，应当采用不燃材料与使用、营业区域进行分隔； 5.建筑内严禁吸烟、烧香、使用明火照明，演出、放映场所不得使用明火进行表演或燃放焰火		
风险等级	整改类型	整改方式	整改措施
中风险 ☑	使用维护 ☑	限期整改 ☑	管理措施 ☑

8.9.8 大型商业综合体消防教育培训

大型商业综合体隐患排查应用举例，如表 8-39 所示。

表 8-39 大型商业综合体隐患排查应用举例（九）

隐患类型	隐患要素		隐患编号
火灾高危场所	大型商业综合体消防安全责任人、管理人及管理部门负责人未按规定每半年接受一次消防安全教育培训		应急消-314 (2019)-62-V
依据标准	《大型商业综合体消防安全管理规则(试行)》(应急消[2019]第 314 号)第六十二条　大型商业综合体产权单位、使用单位和委托管理单位的消防安全责任人、消防安全管理人以及消防安全工作归口管理部门的负责人应当至少每半年接受一次消防安全教育培训，培训内容应当至少包括建筑整体情况，单位人员组织架构、灭火和应急疏散指挥架构，单位消防安全管理制度、灭火和应急疏散预案等		
风险等级	整改类型	整改方式	整改措施
中风险 ☑	使用维护 ☑	限期整改 ☑	管理措施 ☑

8.9.9 大型商业综合体微型消防站

大型商业综合体隐患排查应用举例，如表 8-40 所示。

表 8-40　大型商业综合体隐患排查应用举例（十）

<table>
<tr><td>隐患类型</td><td colspan="2">隐患要素</td><td>隐患编号</td></tr>
<tr><td>火灾高危场所</td><td colspan="2">大型商业综合体建筑面积超过 20 万平方米未按规定设置相应的微型消防站</td><td>应急消-314
(2019)-77-Ⅴ</td></tr>
<tr><td>依据标准</td><td colspan="3">《大型商业综合体消防安全管理规则(试行)》(应急消[2019]第 314 号)第七十七条　大型商业综合体的建筑面积大于或等于 20 万平方米时,应当至少设置 2 个微型消防站。设置多个微型消防站时,应当满足以下要求:
1.微型消防站应当根据大型商业综合体的建筑特点和便于快速灭火救援的原则分散布置;
2.从各微型消防站站长中确定一名总站长,负责总体协调指挥</td></tr>
<tr><td>风险等级</td><td>整改类型</td><td>整改方式</td><td>整改措施</td></tr>
<tr><td>中风险　☑</td><td>使用维护　☑</td><td>限期整改　☑</td><td>管理措施　☑</td></tr>
</table>

第9章 消防安全管理隐患排查

加强消防安全管理，坚持“预防为主、防消结合”的方针，积极采取预防措施，可以有效预防和减少火灾隐患，确保公民的生命财产安全。作为企业来讲，其消防管理层级分为：高层消防管理、中层消防管理、基层消防能力。其消防管理与隐患排查各有侧重，高层消防管理人员，重点做好消防管理机构人员配备、消防安全职责划分、消防安全制度制定、消防预案演练等；中层消防管理人员，重点做好消防重点部位管理、消防设施维护管理、定期防火检查、消防档案管理等；基层消防操作人员，重点做好消防控制室值班巡查、日常防火巡查、志愿消防队或微型消防站工作等。本章主要从消防机构设置、消防安全职责、消防安全制度、消防重点管理、消防设施维护管理、消防档案管理、消防防火检查、消防灭火人员、消防应急预案、消防教育培训等方面编制和实施企业消防管理与隐患排查。

9.1 消防安全职责

9.1.1 单位消防安全职责

依据标准：《消防法》（全国人大常务委员会审议通过，2021 修正）。

> 第十六条　机关、团体、企业、事业等单位应当履行下列消防安全职责：
>
> （一）落实消防安全责任制，制定本单位的消防安全制度、消防安全操作规程，制定灭火和应急疏散预案；
>
> （二）按照国家标准、行业标准配置消防设施、器材，设置消防安全标志，并定期组织检验、维修，确保完好有效；
>
> （三）对建筑消防设施每年至少进行一次全面检测，确保完好有效，检测记录应当完整准确，存档备查；
>
> （四）保障疏散通道、安全出口、消防车通道畅通，保证防火防烟分区、防火间距符合消防技术标准；
>
> （五）组织防火检查，及时消除火灾隐患；

（六）组织进行有针对性的消防演练；

（七）法律、法规规定的其他消防安全职责。单位的主要负责人是本单位的消防安全责任人。

《消防安全责任制实施办法》（国发办［2017］87 号）。

第十五条　机关、团体、企业、事业等单位应当落实消防安全主体责任，履行下列职责：

（一）明确各级、各岗位消防安全责任人及其职责，制定本单位的消防安全制度、消防安全操作规程、灭火和应急疏散预案。定期组织开展灭火和应急疏散演练，进行消防工作检查考核，保证各项规章制度落实。

（二）保证防火检查巡查、消防设施器材维护保养、建筑消防设施检测、火灾隐患整改、专职或志愿消防队和微型消防站建设等消防工作所需资金的投入。生产经营单位安全费用应当保证适当比例用于消防工作。

（三）按照相关标准配备消防设施、器材，设置消防安全标志，定期检验维修，对建筑消防设施每年至少进行一次全面检测，确保完好有效。设有消防控制室的，实行 24 小时值班制度，每班不少于 2 人，并持证上岗。

（四）保障疏散通道、安全出口、消防车通道畅通，保证防火防烟分区、防火间距符合消防技术标准。消防安全隐患数据库的门窗不得设置影响逃生和灭火救援的障碍物。保证建筑构件、建筑材料和室内装修装饰材料等符合消防技术标准。

（五）定期开展防火检查、巡查，及时消除火灾隐患。

（六）根据需要建立专职或志愿消防队、微型消防站，加强队伍建设，定期组织训练演练，加强消防装备配备和灭火药剂储备，建立与公安消防队联勤联动机制，提高扑救初起火灾能力。

（七）消防法律、法规、规章以及政策文件规定的其他职责。

消防安全管理隐患排查应用举例，如表 9-1 所示。

表 9-1　消防安全管理隐患排查应用举例（一）

隐患类型	隐患要素	隐患编号
消防安全管理	单位未按规定落实消防安全主体责任和未明确单位消防安全职责	国办发-87 (2017)-15-V
依据标准	《消防安全责任制实施办法》(国办发[2017]87 号)第十五条　机关、团体、企业、事业等单位应当落实消防安全主体责任，履行下列职责： (一)明确各级、各岗位消防安全责任人及其职责，制定本单位的消防安全制度、消防安全操作规程、灭火和应急疏散预案。定期组织开展灭火和应急疏散演练，进行消防工作检查考核，保证各项规章制度落实。 (二)保证防火检查巡查、消防设施器材维护保养、建筑消防设施检测、火灾隐患整改、专职或志愿消防队和微型消防站建设等消防工作所需资金的投入。生产经营单位安全费用应当保证适当比例用于消防工作。 (三)按照相关标准配备消防设施、器材，设置消防安全标志，定期检验维修，对建筑消防设施每年至少进行一次全面检测，确保完好有效。设有消防控制室的，实行 24 小时值班制度，每班不少于 2 人，并持证上岗。	

续表

依据标准	（四）保障疏散通道、安全出口、消防车通道畅通，保证防火防烟分区、防火间距符合消防技术标准。消防安全隐患数据库的门窗不得设置影响逃生和灭火救援的障碍物。保证建筑构件、建筑材料和室内装修装饰材料等符合消防技术标准。 （五）定期开展防火检查、巡查，及时消除火灾隐患。 （六）根据需要建立专职或志愿消防队、微型消防站，加强队伍建设，定期组织训练演练，加强消防装备配备和灭火药剂储备，建立与公安消防队联勤联动机制，提高扑救初起火灾能力。 （七）消防法律、法规、规章以及政策文件规定的其他职责
条文说明	其他相关条款，详见《消防法》（全国人大常务委员会审议通过，2021 年修正）第十六条、《机关、团体、企业、事业单位消防安全管理规定》（公安部令[2001]第 61 号）等

风险等级	整改类型	整改方式	整改措施
中风险 ☑	综合管理 ☑	限期整改 ☑	管理措施 ☑

9.1.2 消防安全责任人职责

依据标准：《机关、团体、企业、事业单位消防安全管理规定》（公安部［2001］第 61 号令）。

> 第六条　单位的消防安全责任人应当履行下列消防安全职责：
> （一）贯彻执行消防法规，保障单位消防安全符合规定，掌握本单位的消防安全情况；
> （二）将消防工作与本单位的生产、科研、经营、管理等活动统筹安排，批准实施年度消防工作计划；
> （三）为本单位的消防安全提供必要的经费和组织保障；
> （四）确定逐级消防安全责任，批准实施消防安全制度和保障消防安全的操作规程；
> （五）组织防火检查，督促落实火灾隐患整改，及时处理涉及消防安全的重大问题；
> （六）根据消防法规的规定建立专职消防队、义务消防队；
> （七）组织制定符合本单位实际的灭火和应急疏散预案，并实施演练。

消防安全管理隐患排查应用举例，如表 9-2 所示。

表 9-2　消防安全管理隐患排查应用举例（二）

隐患类型	隐患要素	隐患编号
消防安全管理	单位未按规定确定本单位的消防安全责任人和未明确消防安全责任人职责	公安部令-61 (2001)-6-Ⅴ
依据标准	《机关、团体、企业、事业单位消防安全管理规定》（公安部令[2001]第 61 号）第六条　单位的消防安全责任人应当履行下列消防安全职责： （一）贯彻执行消防法规，保障单位消防安全符合规定，掌握本单位的消防安全情况； （二）将消防工作与本单位的生产、科研、经营、管理等活动统筹安排，批准实施年度消防工作计划； （三）为本单位的消防安全提供必要的经费和组织保障； （四）确定逐级消防安全责任，批准实施消防安全制度和保障消防安全的操作规程； （五）组织防火检查，督促落实火灾隐患整改，及时处理涉及消防安全的重大问题； （六）根据消防法规的规定建立专职消防队、义务消防队； （七）组织制定符合本单位实际的灭火和应急疏散预案，并实施演练	
条文说明	消防安全责任人应履行其消防安全职责	

风险等级	整改类型	整改方式	整改措施
中风险 ☑	综合管理 ☑	限期整改 ☑	管理措施 ☑

9.1.3　消防安全管理人职责

依据标准：《机关、团体、企业、事业单位消防安全管理规定》（公安部［2001］第 61 号令）。

> 第七条　单位可以根据需要确定本单位的消防安全管理人。消防安全管理人对单位的消防安全责任人负责，实施和组织落实下列消防安全管理工作：
>
> （一）拟定年度消防工作计划，组织实施日常消防管理工作；
>
> （二）组织制订消防管理制度和保障消防安全的操作规程并检查督促其落实；
>
> （三）拟定消防安全工作的资金投入和组织保障方案；
>
> （四）组织实施防火检查和火灾隐患整改工作；
>
> （五）组织实施对本单位消防设施、灭火器材和消防安全标志的维护保养，确保其完好有效，确保疏散通道和安全出口畅通；
>
> （六）组织管理专职消防队和义务消防队；
>
> （七）在员工中组织开展消防知识、技能的宣传教育和培训，组织灭火和应急疏散预案的实施和演练；
>
> （八）单位消防安全责任人委托的其他消防管理工作。
>
> 消防安全管理人应当定期向消防安全责任人报告消防安全情况，及时报告涉及消防安全的重大问题。未确定消防安全管理人的单位，前款规定的消防管理工作由单位消防安全责任人负责实施。

消防安全管理隐患排查应用举例，如表 9-3 所示。

表 9-3　消防安全管理隐患排查应用举例（三）

隐患类型	隐患要素		隐患编号
消防安全管理	单位未按规定确定本单位的消防安全管理人和未明确消防安全管理人职责		公安部令-61 (2001)-7-Ⅴ
依据标准	《机关、团体、企业、事业单位消防安全管理规定》(公安部令[2001]第 61 号)第七条　单位可以根据需要确定本单位的消防安全管理人。消防安全管理人对单位的消防安全责任人负责，实施和组织落实下列消防安全管理工作： (一)拟定年度消防工作计划，组织实施日常消防管理工作； (二)组织制订消防管理制度和保障消防安全的操作规程并检查督促其落实； (三)拟定消防安全工作的资金投入和组织保障方案； (四)组织实施防火检查和火灾隐患整改工作； (五)组织实施对本单位消防设施、灭火器材和消防安全标志的维护保养，确保其完好有效，确保疏散通道和安全出口畅通； (六)组织管理专职消防队和义务消防队； (七)在员工中组织开展消防知识、技能的宣传教育和培训，组织灭火和应急疏散预案的实施和演练； (八)单位消防安全责任人委托的其他消防管理工作。 消防安全管理人应当定期向消防安全责任人报告消防安全情况，及时报告涉及消防安全的重大问题。未确定消防安全管理人的单位，前款规定的消防管理工作由单位消防安全责任人负责实施		
条文说明	企业消防安全管理人应履行其消防安全职责		
风险等级	整改类型	整改方式	整改措施
中风险　☑	综合管理　☑	限期整改　☑	管理措施　☑

9.1.4 消防管理人员

依据标准：《机关、团体、企业、事业单位消防安全管理规定》（公安部［2001］第61号令）。

第十五条　消防安全重点单位应当设置或者确定消防工作的归口管理职能部门，并确定专职或者兼职的消防管理人员；其他单位应当确定专职或者兼职消防管理人员，可以确定消防工作的归口管理职能部门。归口管理职能部门和专兼职消防管理人员在消防安全责任人或者消防安全管理人的领导下开展消防安全管理工作。 对于单位规模不大，可根据单位实际情况，确定消防工作的归口管理职能部门，并确定专职或兼职消防安全管理人员，履行其相应的消防安全职责。

消防安全管理隐患排查应用举例，如表9-4所示。

表9-4　消防安全管理隐患排查应用举例（四）

隐患类型	隐患要素		隐患编号
消防安全管理	单位未按规定确定专职或者兼职的消防管理人员		公安部令-61(2001)-15-V
依据标准	《机关、团体、企业、事业单位消防安全管理规定》(公安部[2001]第61号令)第十五条　消防安全重点单位应当设置或者确定消防工作的归口管理职能部门，并确定专职或者兼职的消防管理人员；其他单位应当确定专职或者兼职消防管理人员，可以确定消防工作的归口管理职能部门。归口管理职能部门和专兼职消防管理人员在消防安全责任人或者消防安全管理人的领导下开展消防安全管理工作		
条文说明	单位消防安全管理人员在消防安全责任人或消防安全管理人领导下开展消防安全管理工作，起着承上启下的作用，对单位消防安全责任人和消防安全管理人负责。由于该规定未规定消防管理人员职责，单位可根据消防安全管理人职责自行编制		
风险等级	整改类型	整改方式	整改措施
中风险　☑	综合管理　☑	限期整改　☑	管理措施　☑

9.2 消防安全制度

依据标准：《机关、团体、企业、事业单位消防安全管理规定》（公安部［2001］第61号令）。

第十八条　单位应当按照国家有关规定，结合本单位的特点，建立健全各项消防安全制度和保障消防安全的操作规程，并公布执行。 单位消防安全制度主要包括以下内容：消防安全教育、培训；防火巡查、检查；安全疏散设施管理；消防（控制室）值班；消防设施、器材维护管理，火灾隐患整改；用火、用电安全管理；易燃易爆危险物品和场所防火防爆；专职和义务消防队的组织管理；灭火和应急疏散预案演练；燃气和电气设备的检查和管理（包括防雷、防静电）；消防安全工作考评和奖惩；其他必要的消防安全内容。

消防安全管理隐患排查应用举例，如表 9-5 所示。

表 9-5　消防安全管理隐患排查应用举例（五）

隐患类型	隐患要素		隐患编号
消防安全管理	单位未按规定建立健全各项消防安全制度		公安部令-61 (2001)-18(1)-Ⅴ
依据标准	《机关、团体、企业、事业单位消防安全管理规定》(公安部令[2001]第 61 号)第十八条　单位应当按照国家有关规定，结合本单位的特点，建立健全各项消防安全制度和保障消防安全的操作规程，并公布执行。 1　消防安全教育、培训制度； 2　防火巡查、检查制度； 3　安全疏散设施管理制度； 4　消防(控制室)值班制度； 5　消防设施、器材维护管理制度； 6　火灾隐患整改制度； 7　用火、用电安全管理制度； 8　易燃易爆危险物品和场所防火防爆制度； 9　专职和义务消防队(微型消防站)的组织管理制度； 10　灭火和应急疏散预案演练制度； 11　燃气和电气设备的检查和管理(包括防雷、防静电)制度； 12　消防安全工作考评和奖惩制度； 13　其他必要的消防安全内容		
条文说明	消防安全制度体系包括消防安全制度 、消防安全操作规程等，实现管理的制度化、制度的流程化、流程的信息化、信息的智能化		
风险等级	整改类型	整改方式	整改措施
高风险　☑	综合管理　☑	限期整改　☑	管理措施　☑

9.3　消防重点管理

9.3.1　消防安全重点单位界定

依据标准：《消防法》(全国人大常务委员会审议通过，2021 年修订)。

> 第十七条　县级以上地方人民政府消防救援机构应当将发生火灾可能性较大以及发生火灾可能造成重大的人身伤亡或者财产损失的单位，确定为本行政区域内的消防安全重点单位，并由应急管理部门报本级人民政府备案。

依据标准：《机关、团体、企业、事业单位消防安全管理规定》(公安部［2001］第 61 号令)。

> 第十三条　下列范围的单位是消防安全重点单位，应当按照本规定的要求，实行严格管理：
>
> (一) 商场 (市场)、宾馆 (饭店)、体育场 (馆)、会堂、公共娱乐场所等公众聚集场所 (以下统称公众聚集场所)；

（二）医院、养老院和寄宿制的学校、托儿所、幼儿园；

（三）国家机关；

（四）广播电台、电视台和邮政、通信枢纽；

（五）客运车站、码头、民用机场；

（六）公共图书馆、展览馆、博物馆、档案馆以及具有火灾危险性的文物保护单位；

（七）发电厂（站）和电网经营企业；

（八）易燃易爆化学物品的生产、充装、储存、供应、销售单位；

（九）服装、制鞋等劳动密集型生产、加工企业；

（十）重要的科研单位；

（十一）其他发生火灾可能性较大以及一旦发生火灾可能造成重大人身伤亡或者财产损失的单位。

高层办公楼（写字楼）、高层公寓楼等高层公共建筑，城市地下铁道、地下观光隧道等地下公共建筑和城市重要的交通隧道，粮、棉、木材、百货等物资集中的大型仓库和堆场，国家和省级等重点工程的施工现场，应当按照本规定对消防安全重点单位的要求，实行严格管理。

“依据标准：公安部《关于实施〈机关、团体、企业、事业单位消防安全管理规定〉有关问题的通知》（公通字［2001］97号）。

01　商场（市场）、宾馆（饭店）、体育场（馆）、会堂、公共娱乐场所等公众聚集场所

1.建筑面积在1000平方米（含本数，下同）以上且经营可燃商品的商场（商店、市场）；

2.客房数在50间以上的（旅馆、饭店）；

3.公共的体育场（馆）、会堂；

4.建筑面积在200平方米以上的公共娱乐场所（公共娱乐场所是指向公众开放的下列室内场所）

（1）影剧院、录像厅、礼堂等演出、放映场所；

（2）舞厅、卡拉OK等歌舞娱乐场所；

（3）具有娱乐功能的夜总会、音乐茶座和餐饮场所；

（4）游艺、游乐场所；

（5）保龄球馆、旱冰场、桑拿浴室等营业性健身、休闲场所。

02　医院、养老院和寄宿制的学校、托儿所、幼儿园

1.住院床位在50张以上的医院；

2.老人住宿床位在50张以上的养老院；

3.学生住宿床位在100张以上的学校；

4.幼儿住宿床位在50张以上的托儿所、幼儿园。

03　国家机关

1.县级以上的党委、人大、政府、政协；

2.人民检察院、人民法院；

3.中央和国务院各部委；

4.共青团中央、全国总工会、全国妇联的办事机关。

04　广播、电视和邮政、通信枢纽

1.广播电台、电视台；

2.城镇的邮政和通信枢纽单位。

05　客运车站、码头、民用机场

1.候车厅、侯船厅的建筑面积在500平方米以上的客运车站和客运码头；

2.民用机场。

06　公共图书馆、展览馆、博物馆、档案馆以及具有火灾危险性的文物保护单位

1.建筑面积在2000平方米以上的公共图书馆、展览馆；

2.博物馆、档案馆；

3.具有火灾危险性的县级以上文物保护单位。

07　发电厂（站）和电网经营企业

08　易燃易爆化学物品的生产、充装、储存、供应、销售单位

1.生产易燃易爆化学物品的工厂；

2.易燃易爆气体和液体的灌装站、调压站；

3.储存易燃易爆化学物品的专用仓库（堆场、储罐场所）；

4.易燃易爆化学物品的专业运输单位；

5.营业性汽车加油站、加气站，液化石油气供应站（换瓶站）；

6.经营易燃易爆化学物品的化工商店（其界定标准，以及其他需要界定的易燃易爆化学物品性质的单位及其标准，由省级公安机关消防机构根据实际情况确定）。

09　劳动密集型生产、加工企业

生产车间员工在100人以上的服装、鞋帽、玩具等劳动密集型企业。

10　重要的科研单位

界定标准由省级公安机关消防机构根据实际情况确定。

11　高层公共建筑、地下铁道、地下观光隧道，粮、棉、木材、百货等物资仓库和堆场，重点工程的施工现场

1.高层公共建筑的办公楼（写字楼）、公寓楼等；

2.城市地下铁道、地下观光隧道等地下公共建筑和城市重要的交通隧道；

3.国家储备粮库、总储备量在10000吨以上的其他粮库；

4.总储量在500吨以上的棉库；

5.总储量在10000立方米以上的木材堆场；

6.总储存价值在1000万元以上的可燃物品仓库、堆场；

7.国家和省级等重点工程的施工现场。

12　其他发生火灾可能性较大以及一旦发生火灾可能造成人身重大伤亡或者财产重大损失的单位

界定标准由省级公安机关消防机构根据实际情况确定。

消防安全管理隐患排查应用举例见表9-6。

表9-6 消防安全管理隐患排查应用举例（六）

<table>
<tr><td>隐患类型</td><td colspan="2">隐患要素</td><td>隐患编号</td></tr>
<tr><td>消防安全管理</td><td colspan="2">单位未按消防安全重点单位界定标准界定消防安全重点单位,实行严格管理</td><td>公安部令-61
(2001)-13-V</td></tr>
<tr><td>依据标准</td><td colspan="3">《机关、团体、企业、事业单位消防安全管理规定》(公安部令[2001]第61号)第十三条　下列范围的单位是消防安全重点单位,应当按照本规定的要求,实行严格管理</td></tr>
<tr><td>条文说明</td><td colspan="3">消防安全重点单位界定标准,详见本书9.3.1,公安部《关于实施〈机关、团体、企业、事业单位消防安全管理规定〉有关问题的通知》(公通字[2001]97号)</td></tr>
<tr><td>风险等级</td><td>整改类型</td><td>整改方式</td><td>整改措施</td></tr>
<tr><td>中风险 ☑</td><td>综合管理 ☑</td><td>限期整改 ☑</td><td>管理措施 ☑</td></tr>
</table>

9.3.2 消防安全重点部位管理

依据标准：《机关、团体、企业、事业单位消防安全管理规定》(公安部［2001］第61号令)。

> 第十九条　单位应当将容易发生火灾、一旦发生火灾可能严重危及人身和财产安全以及对消防安全有重大影响的部位确定为消防安全重点部位，设置明显的防火标志，实行严格管理。

依据标准：《人员密集场所消防安全管理》(GB/T 40248—2021)。

> 7.11　消防安全重点部位管理。
>
> 7.11.1　消防安全重点部位应建立岗位消防安全责任制，并明确消防安全管理的责任部门和责任人。
>
> 7.11.2　人员集中的厅（室）以及建筑内的消防控制室、消防水泵房、储油间、变配电室、锅炉房、厨房、空调机房、资料库、可燃物品仓库和化学实验室等，应确定为消防安全重点部位，在明显位置张贴标识，严格管理。
>
> 7.11.3　应根据实际需要配备相应的灭火器材、装备和个人防护器材。
>
> 7.11.4　应制定和完善事故应急处置操作程序。
>
> 7.11.5　应列入防火巡查范围，作为定期检查的重点。

消防安全管理隐患排查应用举例，如表9-7所示。

表 9-7　消防安全管理隐患排查应用举例（七）

隐患类型	隐患要素		隐患编号
消防安全管理	单位未按规定确定消防安全重点部位并实行严格管理		公安部令-61 (2001)-19-V
依据标准	《机关、团体、企业、事业单位消防安全管理规定》(公安部[2001]第 61 号令)第十九条　单位应当将容易发生火灾、一旦发生火灾可能严重危及人身和财产安全以及对消防安全有重大影响的部位确定为消防安全重点部位,设置明显的防火标志,实行严格管理		
风险等级	整改类型	整改方式	整改措施
中风险　☑	综合管理　☑	限期整改　☑	管理措施　☑

9.4　消防设施维护管理

9.4.1　建筑消防设施维护管理范围

依据标准:《建筑消防设施的维护管理》(GB 25201—2010)。

4.1　建筑消防设施的维护管理包括值班、巡查、检测、维修、保养、建档等工作。

本标准的 4.2～4.6、5.2、6.1、7.1、第 8 章、第 9 章、第 10 章为强制性的，其余为推荐性的。

9.4.2　建筑消防设施维修保养合同

消防安全管理隐患排查应用举例，如表 9-8 所示。

表 9-8　消防安全管理隐患排查应用举例（八）

隐患类型	隐患要素		隐患编号
消防安全管理	建筑消防设施维护管理单位未与消防设备生产厂家、消防设施施工安装企业等有维修、保养能力的单位签订消防设施维修、保养合同		GB 25201-(2010)-▲4.4-V
依据标准	《建筑消防设施的维护管理》(GB 25201—2010)▲4.4　建筑消防设施维护管理单位应与消防设备生产厂家、消防设施施工安装企业等有维修、保养能力的单位签订消防设施维修、保养合同。维护管理单位自身有维修、保养能力的,应明确维修、保养职能部门和人员		
风险等级	整改类型	整改方式	整改措施
中风险　☑	综合管理　☑	限期整改　☑	管理措施　☑
表注	▲强制性条文,必须严格执行		

9.4.3 建筑消防设施的操作

依据标准：《建筑消防设施的维护管理》（GB 25201—2010）。

> 5.1 设有建筑消防设施的单位应根据消防设施操作使用要求制定操作规程，明确操作人员。
>
> 负责消防设施操作的人员应通过消防行业特有工种职业技能鉴定，持有初级技能以上等级的职业资格证书，能熟练操作消防设施。消防控制室、具有消防配电功能的配电室，消防水泵房、防排烟机房等重要的消防设施操作控制场所，应根据工作、生产、经营特点建立值班制度，确保火灾情况下有人能按操作规程及时、正确操作建筑消防设施。
>
> 单位制定灭火和应急疏散预案以及组织预案演练时，应将建筑消防设施的操作内容纳入其中，对操作过程中发现的问题应及时纠正。

消防安全管理隐患排查应用举例，如表 9-9 所示。

表 9-9 消防安全管理隐患排查应用举例（九）

隐患类型	隐患要素		隐患编号
消防安全管理	单位制定的灭火和应急疏散预案以及组织预案演练未将建筑消防设施的操作内容纳入其中		GB 25201-(2010)-5.1-V
依据标准	《建筑消防设施的维护管理》(GB 25201—2010)5.1 设有建筑消防设施的单位应根据消防设施操作使用要求制定操作规程,明确操作人员…… 单位制定灭火和应急疏散预案以及组织预案演练时,应将建筑消防设施的操作内容纳入其中,对操作过程中发现的问题应及时纠正		
条文说明	建筑消防设施操作内容包括灭火设施器材操作、消防联动设施操作等		
风险等级	整改类型	整改方式	整改措施
中风险 ☑	综合管理 ☑	限期整改 ☑	管理措施 ☑

9.4.4 建筑消防设施的巡查

依据标准：《建筑消防设施的维护管理》（GB 25201—2010）。

> ▲6.1.2 从事建筑消防设施巡查的人员，应通过消防行业特有工种职业技能鉴定，持有四级技能以上等级的职业资格证书。
>
> ▲6.1.3 建筑消防设施巡查应明确各类建筑消防设施的巡查部位、频次和内容。巡查时应填写《建筑消防设施巡查记录表》（见表 C.1）。巡查时发现故障，应按第 8 章要求处理。

消防安全管理隐患排查应用举例，如表 9-10 所示。

表 9-10　消防安全管理隐患排查应用举例（十）

隐患类型	隐患要素		隐患编号
消防安全管理	建筑消防设施的巡查频次不满足要求		GB 25201-(2010)-▲6.1.4-V
依据标准	《建筑消防设施的维护管理》(GB 25201—2010)▲6.1.4　建筑消防设施巡查频次应满足下列要求： a)公共娱乐场所营业时，应结合公共娱乐场每 2h 巡查一次的要求，视情况将建筑消防设施的巡查部分或全部纳入其中，但全部建筑消防设施应保证每日至少巡查一次； b)消防安全重点单位，每日巡查一次； c)其他单位，每周至少巡查一次		
风险等级	整改类型	整改方式	整改措施
中风险　☑	综合管理　☑	限期整改　☑	管理措施　☑
表注	▲强制性条文，必须严格执行		

9.4.5　建筑消防设施的检测

依据标准：《建筑消防设施的维护管理》(GB 25201—2010)。

▲7.1.1　建筑消防设施应每年至少检测一次，检测对象包括全部系统设备、组件等。设有自动消防系统的宾馆、饭店、商场、市场、公共娱乐场所等人员密集场所、易燃易爆单位以及其他一类高层公共建筑等消防安全重点单位，应自系统投入运行后每一年底前，将年度检测记录报当地公安机关消防机构备案。在重大节日、重大活动前或者期间，应根据当地公安机关消防机构的要求对建筑消防设施进行检测。

▲7.1.2　从事建筑消防设施检测的人员，应当通过消防行业特有工种职业技能鉴定，持有高级技能以上等级职业资格证书。

▲7.1.3　建筑消防设施检测应按 GA 503 的要求进行，并如实填写《建筑消防设施检测记录表》(见表 D.1) 的相关内容。

消防安全管理隐患排查应用举例，如表 9-11 所示。

表 9-11　消防安全管理隐患排查应用举例（十一）

隐患类型	隐患要素		隐患编号
消防安全管理	建筑消防设施未按规定每年至少检测一次		GB 25201-(2010)-▲7.1.1-V
依据标准	《建筑消防设施的维护管理》[GB 25201—(2010)]▲7.1.1　建筑消防设施应每年至少检测一次，检测对象包括全部系统设备、组件等		
条文说明	建筑消防设施检测为单位每年		
风险等级	整改类型	整改方式	整改措施
中风险　☑	综合管理　☑	限期整改　☑	管理措施　☑
表注	▲强制性条文，必须严格执行		

9.4.6 建筑消防设施的维修

依据标准：《建筑消防设施的维护管理》(GB 25201—2010)。

▲8.1 从事建筑消防设施维修的人员，应当通过消防行业特有工种职业技能鉴定，持有技师以上等级职业资格证书。

▲8.2 值班、巡查、检测、灭火演练中发现建筑消防设施存在问题和故障的，相关人员应填写《建筑消防设施故障维修记录表》(见表B.1)，并向单位消防安全管理人报告。

▲8.3 单位消防安全管理人对建筑消防设施存在的问题和故障，应立即通知维修人员进行维修。维修期间，应采取确保消防安全的有效措施。故障排除后应进行相应功能试验并经单位消防安全管理人检查确认。维修情况应记入《建筑消防设施故障维修记录表》(见表B.1)。

消防安全管理隐患排查应用举例，如表9-12所示。

表9-12 消防安全管理隐患排查应用举例（十二）

隐患类型	隐患要素		隐患编号
消防安全管理	建筑消防设施故障排除后未经消防安全管理人检查确认		GB 25201-(2010)-▲8.3-V
依据标准	《建筑消防设施的维护管理》(GB 25201—2010)▲8.3 单位消防安全管理人对建筑消防设施存在的问题和故障,应立即通知维修人员进行维修。维修期间,应采取确保消防安全的有效措施。故障排除后应进行相应功能试验并经单位消防安全管理人检查确认。维修情况应记入《建筑消防设施故障维修记录表》(见表B.1)		
风险等级	整改类型	整改方式	整改措施
中风险 ☑	综合管理 ☑	限期整改 ☑	管理措施 ☑
表注	▲强制性条文,必须严格执行		

9.4.7 建筑消防设施的保养

依据标准：《建筑消防设施的维护管理》(GB 25201—2010)。

▲9.1.1 建筑消防设施维护保养应制定计划，列明消防设施的名称、维护保养的内容和周期（见表E.1)。

▲9.1.2 从事建筑消防设施保养的人员，应通过消防行业特有工种职业技能鉴定，持有高级技能以上等级职业资格证书。

▲9.1.3　凡依法需要计量检定的建筑消防设施所用称重、测压、测流量等计量仪器仪表以及泄压阀、安全阀等，应按有关规定进行定期校验并提供有效证明文件。单位应储备一定数量的建筑消防设施易损件或与有关产品厂家、供应商签订相关合同，以保证供应。

▲9.1.4　实施建筑消防设施的维护保养时，应填写《建筑消防设施维护保养记录表》（见表 E.2）并进行相应功能试验。

9.4.8　建筑消防设施的档案

依据标准：《建筑消防设施的维护管理》（GB 25201—2010）。

▲10.1　内容

建筑消防设施档案应包含建筑消防设施基本情况和动态管理情况。基本情况包括建筑消防设施的验收文件和产品、系统使用说明书、系统调试记录、建筑消防设施平面布置图、建筑消防设施系统图等原始技术资料。动态管理情况包括建筑消防设施的值班记录、巡查记录、检测记录、故障维修记录以及维护保养计划表、维护保养记录、自动消防控制室值班人员基本情况档案及培训记录。

▲10.2　保存期限

▲10.2.1　建筑消防设施的原始技术资料应长期保存。

▲10.2.2　《消防控制室值班记录表》（见表 A.1）和《建筑消防设施巡查记录表》（见表 C.1）的存档时间不应少于一年。

▲10.2.3　《建筑消防设施检测记录表》（见表 D.1）、《建筑消防设施故障维修记录表》（见表 B.1）、《建筑消防设施维护保养计划表》（见表 E.1）、《建筑消防设施维护保养记录表》（见表 E.2）的存档时间不应少于五年。

消防安全管理隐患排查应用举例，如表 9-13 所示。

表 9-13　消防安全管理隐患排查应用举例（十三）

隐患类型	隐患要素		隐患编号
消防安全管理	设有建筑消防设施的单位未按规定建立消防设施档案		GB 25201-(2010)-▲10.1-Ⅴ
依据标准	《建筑消防设施的维护管理》（GB 25201—2010）▲10.1　内容 建筑消防设施档案应包含建筑消防设施基本情况和动态管理情况。基本情况包括建筑消防设施的验收文件和产品、系统使用说明书、系统调试记录、建筑消防设施平面布置图、建筑消防设施系统图等原始技术资料。动态管理情况包括建筑消防设施的值班记录、巡查记录、检测记录、故障维修记录以及维护保养计划表、维护保养记录、自动消防控制室值班人员基本情况档案及培训记录		
风险等级	整改类型	整改方式	整改措施
中风险　☑	综合管理　☑	限期整改　☑	管理措施　☑
表注	▲强制性条文，必须严格执行		

9.5 消防档案管理

依据标准：《机关、团体、企业、事业单位消防安全管理规定》（公安部［2001］第61号令）。

> 第四十一条　消防安全重点单位应当建立健全消防档案。消防档案应当包括消防安全基本情况和消防安全管理情况。消防档案应当详实，全面反映单位消防工作的基本情况，并附有必要的图表，根据情况变化及时更新。
>
> 单位应当对消防档案统一保管、备查。

9.5.1 消防安全基本情况

依据标准：《机关、团体、企业、事业单位消防安全管理规定》（公安部［2001］第61号令）。

> 第四十二条　消防安全基本情况应当包括以下内容：
>
> （一）单位基本概况和消防安全重点部位情况；
>
> （二）建筑物或者场所施工、使用或者开业前的消防设计审核、消防验收以及消防安全检查的文件、资料；
>
> （三）消防管理组织机构和各级消防安全责任人；
>
> （四）消防安全制度；
>
> （五）消防设施、灭火器材情况；
>
> （六）专职消防队、义务消防队人员及其消防装备配备情况；
>
> （七）与消防安全有关的重点工种人员情况；
>
> （八）新增消防产品、防火材料的合格证明材料；
>
> （九）灭火和应急疏散预案。

9.5.2 消防安全管理情况

依据标准：《机关、团体、企业、事业单位消防安全管理规定》（公安部［2001］第61号令）。

> 第四十三条　消防安全管理情况应当包括以下内容：
>
> （一）公安消防机构填发的各种法律文书；
>
> （二）消防设施定期检查记录、自动消防设施全面检查测试的报告以及维修保养的记录；
>
> （三）火灾隐患及其整改情况记录；
>
> （四）防火检查、巡查记录；
>
> （五）有关燃气、电气设备检测（包括防雷、防静电）等记录资料；

（六）消防安全培训记录；

（七）灭火和应急疏散预案的演练记录；

（八）火灾情况记录；

（九）消防奖惩情况记录。

前款规定中的第（二）、（三）、（四）、（五）项记录，应当记明检查的人员、时间、部位、内容、发现的火灾隐患以及处理措施等；第（六）项记录，应当记明培训的时间、参加人员、内容等；第（七）项记录，应当记明演练的时间、地点、内容、参加部门以及人员等。

消防安全管理隐患排查应用举例，如表 9-14 所示。

表 9-14　消防安全管理隐患排查应用举例（十四）

隐患类型	隐患要素		隐患编号
消防安全管理	消防安全重点单位未按规定建立消防档案		公安部-61(2001)-41-V
依据标准	《机关、团体、企业、事业单位消防安全管理规定》（公安部[2001]第 61 号令）第四十一条　消防安全重点单位应当建立健全消防档案。消防档案应当包括消防安全基本情况和消防安全管理情况。消防档案应当详实，全面反映单位消防工作的基本情况，并附有必要的图表，根据情况变化及时更新		
风险等级	整改类型	整改方式	整改措施
中风险　☑	综合管理　☑	限期整改　☑	管理措施　☑

9.6 消防防火检查

消防防火检查，分为：日常防火巡查、定期防火检查、消防严禁行为检查、消防违章行为检查等。

9.6.1 日常防火巡查

依据标准：《机关、团体、企业、事业单位消防安全管理规定》（公安部令［2001］第 61 号令）。

第二十五条　消防安全重点单位应当进行每日防火巡查，并确定巡查的人员、内容、部位和频次。其他单位可以根据需要组织防火巡查。巡查的内容应当包括：

（一）用火、用电有无违章情况；

（二）安全出口、疏散通道是否畅通，安全疏散指示标志、应急照明是否完好；

（三）消防设施、器材和消防安全标志是否在位、完整；

（四）常闭式防火门是否处于关闭状态，防火卷帘下是否堆放物品影响使用；

（五）消防安全重点部位的人员在岗情况；

（六）其他消防安全情况。

公众聚集场所在营业期间的防火巡查应当至少每二小时一次；营业结束时应当对营业现场进行检查，消除遗留火种。医院、养老院、寄宿制的学校、托儿所、幼儿园应当加强夜间防火巡查，其他消防安全重点单位可以结合实际组织夜间防火巡查。

防火巡查人员应当及时纠正违章行为，妥善处置火灾危险，无法当场处置的，应当立即报告。发现初起火灾应当立即报警并及时扑救。

防火巡查应当填写巡查记录，巡查人员及其主管人员应当在巡查记录上签名。

日常防火巡查隐患排查应用举例，如表 9-15 所示。

表 9-15　日常防火巡查隐患排查应用举例

隐患类型	隐患要素		隐患编号
消防安全管理	单位未按规定进行日常防火巡查		公安部令-61 (2001)-25-V
依据标准	《机关、团体、企业、事业单位消防安全管理规定》(公安部令[2001]第 61 号)第二十五条　消防安全重点单位应当进行每日防火巡查,并确定巡查的人员、内容、部位和频次。其他单位可以根据需要组织防火巡查。 (一)用火、用电有无违章情况; (二)安全出口、疏散通道是否畅通,安全疏散指示标志、应急照明是否完好; (三)消防设施、器材和消防安全标志是否在位、完整; (四)常闭式防火门是否处于关闭状态,防火卷帘下是否堆放物品影响使用; (五)消防安全重点部位的人员在岗情况; (六)其他消防安全情况		
条文说明	日常防火巡查内容(一)不作为隐患要素,只能作为检查项		
风险等级	整改类型	整改方式	整改措施
中风险　☑	综合管理　☑	当场整改　☑	管理措施　☑

9.6.2　定期防火检查

依据标准:《机关、团体、企业、事业单位消防安全管理规定》(公安部〔2001〕第 61 号令)。

第二十六条　机关、团体、事业单位应当至少每季度进行一次防火检查，其他单位应当至少每月进行一次防火检查。检查的内容应当包括：

（一）火灾隐患的整改情况以及防范措施的落实情况；

（二）安全疏散通道、疏散指示标志、应急照明和安全出口情况；

（三）消防车通道、消防水源情况；

（四）灭火器材配置及有效情况；

（五）用火、用电有无违章情况；

（六）重点工种人员，以及其他员工消防知识的掌握情况；

（七）消防安全重点部位的管理情况；

（八）易燃易爆危险物品和场所防火防爆措施的落实情况以及其他重要物资的防火安全情况；

（九）消防（控制室）值班情况和设施运行、记录情况；
（十）防火巡查情况；
（十一）消防安全标志的设置情况和完好、有效情况；
（十二）其他需要检查的内容。
防火检查应当填写检查记录。检查人员和被检查部门负责人应当在检查记录上签名。

定期防火检查隐患排查应用举例，如表 9-16 所示。

表 9-16　定期防火检查隐患排查应用举例

隐患类型	隐患要素		隐患编号
消防安全管理	单位未按规定进行定期防火检查		公安部令-61 (2001)-26-V
依据标准	《机关、团体、企业、事业单位消防安全管理规定》(公安部令[2001]第 61 号，2001)第二十六条　机关、团体、企业、事业单位应当至少每季度进行一次防火检查，其他单位应当至少每月进行一次防火检查。 (一)火灾隐患的整改情况以及防范措施的落实情况； (二)安全疏散通道、疏散指示标志、应急照明和安全出口情况； (三)消防车通道、消防水源情况； (四)灭火器材配置及有效情况； (五)用火、用电有无违章情况； (六)重点工种人员以及其他员工消防知识的掌握情况； (七)消防安全重点部位的管理情况； (八)易燃易爆危险物品和场所防火防爆措施的落实情况以及其他重要物资的防火安全情况； (九)消防(控制室)值班情况和设施运行、记录情况； (十)防火巡查情况； (十一)消防安全标志的设置情况和完好、有效情况； (十二)其他需要检查的内容。 防火检查应当填写检查记录。检查人员和被检查部门负责人应当在检查记录上签名		
风险等级	整改类型	整改方式	整改措施
中风险　☑	综合管理　☑	当场整改　☑	管理措施　☑
表注	以上定期防火检查(五)、(十)，不作为检查要素，只能作为检查项		

9.6.3　消防严禁行为检查

依据标准：《机关、团体、企业、事业单位消防安全管理规定》（公安部［2001］第 61 号令）。

第二十一条　单位应当保障疏散通道、安全出口畅通，并设置符合国家规定的消防安全疏散指示标志和应急照明设施，保持防火门、防火卷帘、消防安全疏散指示标志、应急照明、机械排烟送风、火灾事故广播等设施处于正常状态。
严禁下列行为：
（一）占用疏散通道；
（二）在安全出口或者疏散通道上安装栅栏等影响疏散的障碍物；

（三）在营业、生产、教学、工作等期间将安全出口上锁、遮挡或者将消防安全疏散指示标志遮挡、覆盖；

（四）其他影响安全疏散的行为。

消防严禁行为检查隐患排查应用举例，如表 9-17 所示。

表 9-17　消防严禁行为检查隐患排查应用举例

隐患类型	隐患要素		隐患编号
消防安全管理	单位未按规定进行消防严禁行为检查		公安部令-61 (2001)-21-Ⅴ
依据标准	《机关、团体、企业、事业单位消防安全管理规定》(公安部令[2001]第 61 号)第二十一条　单位应当保障疏散通道、安全出口畅通，并设置符合国家规定的消防安全疏散指示标志和应急照明设施，保持防火门、防火卷帘、消防安全疏散指示标志、应急照明、机械排烟送风、火灾事故广播等设施处于正常状态。严禁下列行为： (一)占用疏散通道； (二)在安全出口或者疏散通道上安装栅栏等影响疏散的障碍物； (三)在营业、生产、教学、工作等期间将安全出口上锁、遮挡或者将消防安全疏散指示标志遮挡、覆盖； (四)其他影响安全疏散的行为		
风险等级	整改类型	整改方式	整改措施
中风险 ☑	综合管理 ☑	当场整改 ☑	管理措施 ☑
表注	以上消防严禁行为检查，每一项为一个隐患要素		

9.6.4　消防违章行为检查

依据标准：《机关、团体、企业、事业单位消防安全管理规定》(公安部［2001］第 61 号令)。

第三十一条　对下列违反消防安全规定的行为，单位应当责成有关人员当场改正并督促落实：

（一）违章进入生产、储存易燃易爆危险物品场所的；

（二）违章使用明火作业或者在具有火灾、爆炸危险的场所吸烟、使用明火等违反禁令的；

（三）将安全出口上锁、遮挡，或者占用、堆放物品影响疏散通道畅通的；

（四）消火栓、灭火器材被遮挡影响使用或者被挪作他用的；

（五）常闭式防火门处于开启状态，防火卷帘下堆放物品影响使用的；

（六）消防设施管理、值班人员和防火巡查人员脱岗的；

（七）违章关闭消防设施、切断消防电源的；

（八）其他可以当场改正的行为。

违反前款规定的情况以及改正情况应当有记录并存档备查。

消防隐患排查，分为火灾风险行为隐患排查、建筑防火设施隐患排查、建筑消防设施隐患排查、消防重点管理隐患排查、高危建筑场所隐患排查、人员密集场所隐患排查等，详见本书有关内容。

消防违章行为检查隐患排查应用举例，如表 9-18 所示。

表 9-18　消防违章行为检查隐患排查应用举例

隐患类型	隐患要素		隐患编号
消防安全管理	单位未按规定进行消防违章行为检查		公安部令-61 (2001)-31-Ⅴ
依据标准	《机关、团体、企业、事业单位消防安全管理规定》(公安部令[2001]第 61 号)第三十一条　对下列违反消防安全规定的行为，单位应当责成有关人员当场改正并督促落实： (一)违章进入生产、储存易燃易爆危险物品场所的； (二)违章使用明火作业或者在具有火灾、爆炸危险的场所吸烟、使用明火等违反禁令的； (三)将安全出口上锁、遮挡，或者占用、堆放物品影响疏散通道畅通的； (四)消火栓、灭火器材被遮挡影响使用或者被挪作他用的； (五)常闭式防火门处于开启状态，防火卷帘下堆放物品影响使用的； (六)消防设施管理、值班人员和防火巡查人员脱岗的； (七)违章关闭消防设施、切断消防电源的； (八)其他可以当场改正的行为。 违反前款规定的情况以及改正情况应当有记录并存档备查		
风险等级	整改类型	整改方式	整改措施
中风险　☑	综合管理　☑	当场整改　☑	管理措施　☑
表注	以上消防违章行为检查，每一项为一个隐患要素		

9.7 消防组织人员管理

消防组织包括：国家综合性消防救援队、专职消防队、志愿消防队（或微型消防站）等。

消防人员包括：消防安全责任人、消防安全管理人、专兼职消防管理人员、志愿消防队员、消防职业技能人员等。

9.7.1 国家综合性消防救援队

依据标准：《消防法》(全国人大常务委员会审议通过，2021 年修正)。

> 第三十七条　国家综合性消防救援队、专职消防队按照国家规定承担重大灾害事故和其他以抢救人员生命为主的应急救援工作。
>
> 第三十八条　国家综合性消防救援队、专职消防队应当充分发挥火灾扑救和应急救援专业力量的骨干作用；按照国家规定，组织实施专业技能训练，配备并维护保养装备器材，提高火灾扑救和应急救援的能力。

9.7.2 专职消防队

依据标准：《消防法》（全国人大常务委员会审议通过，2021 年修正）。

> 第三十九条　下列单位应当建立单位专职消防队，承担本单位的火灾扑救工作：
> （一）大型核设施单位、大型发电厂、民用机场、主要港口；
> （二）生产、储存易燃易爆危险品的大型企业；
> （三）储备可燃的重要物资的大型仓库、基地；
> （四）第一项、第二项、第三项规定以外的火灾危险性较大、距离国家综合性消防救援队较远的其他大型企业；
> （五）距离国家综合性消防救援队较远、被列为全国重点文物保护单位的古建筑群的管理单位。

消防安全管理隐患排查应用举例，如表 9-19 所示。

表 9-19　消防安全管理隐患排查应用举例（十五）

<table>
<tr><td>隐患类型</td><td colspan="2">隐患要素</td><td>隐患编号</td></tr>
<tr><td>消防安全管理</td><td colspan="2">单位未按规定建立专职消防队</td><td>消防法-(2021)-39-Ⅴ</td></tr>
<tr><td>依据标准</td><td colspan="3">《消防法》(全国人大常务委员会审议通过,2021 年修正)第三十九条　下列单位应当建立单位专职消防队,承担本单位的火灾扑救工作：
(一)大型核设施单位、大型发电厂、民用机场、主要港口；
(二)生产、储存易燃易爆危险品的大型企业；
(三)储备可燃的重要物资的大型仓库、基地；
(四)第一项、第二项、第三项规定以外的火灾危险性较大、距离国家综合性消防救援队较远的其他大型企业；
(五)距离国家综合性消防救援队较远、被列为全国重点文物保护单位的古建筑群的管理单位</td></tr>
<tr><td>条文说明</td><td colspan="3">消防组织包括:国家综合性消防救援队、专职消防队、志愿消防队(或微型消防站)</td></tr>
<tr><td>风险等级</td><td>整改类型</td><td>整改方式</td><td>整改措施</td></tr>
<tr><td>中风险　☑</td><td>综合管理　☑</td><td>限期整改　☑</td><td>管理措施　☑</td></tr>
</table>

9.7.3 志愿消防队

依据标准：《消防法》（全国人大常务委员会审议通过，2021 年修正）。

> 第四十一条　机关、团体、企业、事业等单位以及村民委员会、居民委员会根据需要，建立志愿消防队等多种形式的消防组织，开展群众性自防自救工作。

消防安全管理隐患排查应用举例，如表 9-20 所示。

表 9-20　消防安全管理隐患排查应用举例（十六）

隐患类型	隐患要素		隐患编号
消防安全管理	单位及村民委员会、居民委员会未按规定建立志愿消防队		消防法-(2021)-41-V
依据标准	《消防法》(全国人大常务委员会审议通过,2021修正)第四十一条　机关、团体、企业、事业等单位以及村民委员会、居民委员会根据需要,建立志愿消防队等多种形式的消防组织,开展群众性自防自救工作		
条文说明	消防组织包括:国家综合性消防救援队、专职消防队、志愿消防队(或微型消防站)		
风险等级	整改类型	整改方式	整改措施
中风险　☑	综合管理　☑	限期整改　☑	管理措施　☑

9.7.4　微型消防站

依据标准:《消防安全重点单位微型消防站建设标准（试行）》和《社区微型消防站建设标准（试行）》(公消［2015］301号)。

一、建设原则。

除按照消防法规须建立专职消防队的重点单位外，其他设有消防控制室的重点单位，以救早、灭小和“3分钟到场”扑救初起火灾为目标，依托单位志愿消防队伍，配备必要的消防器材，建立重点单位微型消防站，积极开展防火巡查和初起火灾扑救等火灾防控工作。合用消防控制室的重点单位，可联合建立微型消防站。

二、人员配备

（一）微型消防站人员配备不少于6人。

（二）微型消防站应设站长、副站长、消防员、控制室值班员等岗位，配有消防车辆的微型消防站应设驾驶员岗位。

（三）站长应由单位消防安全管理人兼任，消防员负责防火巡查和初起火灾扑救工作。

（四）微型消防站人员应当接受岗前培训，培训内容包括扑救初起火灾业务技能、防火巡查基本知识等。

消防安全管理隐患排查应用举例，如表9-21所示。

表 9-21　消防安全管理隐患排查应用举例（十七）

隐患类型	隐患要素		隐患编号
消防安全管理	消防安全重点单位建立微型消防站站长未由单位消防安全管理人兼任		公消-301(2015)-2(3)-V
依据标准	《消防安全重点单位微型消防站建设标准(试行)》和《社区微型消防站建设标准(试行)》(公消[2015]301号)二、人员配备 (三)站长应由单位消防安全管理人兼任,消防员负责防火巡查和初起火灾扑救工作		
条文说明	消防组织包括:国家综合性消防救援队、专职消防队、志愿消防队(或微型消防站)		
风险等级	整改类型	整改方式	整改措施
中风险　☑	综合管理　☑	限期整改　☑	管理措施　☑

9.7.5 消防职业技能人员

消防职业技能人员包括：消防设施操作员、灭火救援员、注册消防工程师等。

9.7.5.1 消防设施操作员

《国家职业技能标准编制技术规程（2018年版）》《消防设施操作员国家职业技能标准（2019年版）》。

凡是参加初级消防设施操作员职业技能培训，并参加消防行业特有工种职业技能鉴定考试，即可取得初级消防设施操作员国家职业资格证书。

职业编号：4-07-05-04。

职业定义：主要从事消防控制室值班操作和在消防技术服务机构从事消防设施检测、维修、保养等工作。

监控方向职业等级：初级消防设施操作员（国家职业资格五级）、中级消防设施操作员（国家职业资格四级）、高级消防设施操作员（国家职业资格三级）、消防设施技师（国家职业资格二级）。

维保方向职业等级：中级消防设施操作员（国家职业资格四级）、高级消防设施操作员（国家职业资格三级）、消防设施技师（国家职业资格二级）、消防设施高级技师（国家职业资格一级）。

9.7.5.2 灭火救援员

《国家职业技能标准编制技术规程》（2018年版）《灭火救援员国家职业技能标准》（2020年版）。

凡是参加初级灭火救援员职业技能培训，并参加消防行业特有工种职业技能鉴定考试，即可取得初级灭火救援员国家职业资格证书。

职业编号：03-02-03-01。

职业定义：从事火灾扑救、抢险救援和应急救助的消防人员。

职业等级：初级灭火救援员操作员（国家职业资格五级）、中级灭火救援员（国家职业资格四级）、高级灭火救援员（国家职业资格三级）、灭火救援技师（国家职业资格二级）、灭火救援高级技师（国家职业资格一级）。

9.7.5.3 注册消防工程师

依据《注册消防工程师管理规定》（公安部令第143号，2017）。

注册消防工程师，是指取得相应级别注册消防工程师资格证书并依法注册后，从事消防设施维护保养检测、消防安全评估和消防安全管理等工作的专业技术人员。

注册消防工程师实行注册执业管理制度。注册消防工程师分为一级注册消防工程师和二级注册消防工程师。

一级注册消防工程师的执业范围包括：

① 消防技术咨询与消防安全评估；
② 消防安全管理与消防技术培训；
③ 消防设施维护保养检测（含灭火器维修）；
④ 消防安全监测与检查；
⑤ 火灾事故技术分析；
⑥ 公安部或者省级公安机关规定的其他消防安全技术工作。

二级注册消防工程师的执业范围包括：

① 除 100 米以上公共建筑、大型的人员密集场所、大型的危险化学品单位外的火灾高危单位消防安全评估；
② 除 250 米以上公共建筑、大型的危险化学品单位外的消防安全管理；
③ 单体建筑面积 4 万平方米以下建筑的消防设施维护保养检测（含灭火器维修）；
④ 消防安全监测与检查；
⑤ 公安部或者省级公安机关规定的其他消防安全技术工作。

省级公安机关消防机构应当结合实际，根据上款规定确定本地区二级注册消防工程师的具体执业范围。

9.8 消防应急预案

9.8.1 灭火和应急疏散预案编制内容

依据标准：《机关、团体、企业、事业单位消防安全管理规定》（公安部［2001］第 61 号令）。

第三十九条　消防安全重点单位制定的灭火和应急疏散预案应当包括下列内容：
（一）组织机构，包括：灭火行动组、通讯联络组、疏散引导组、安全防护救护组；
（二）报警和接警处置程序；
（三）应急疏散的组织程序和措施；
（四）扑救初起火灾的程序和措施；
（五）通讯联络、安全防护救护的程序和措施。

9.8.2 灭火和应急疏散预案演练

依据标准：《机关、团体、企业、事业单位消防安全管理规定》（公安部［2001］第 61 号令）。

第四十条　消防安全重点单位应当按照灭火和应急疏散预案，至少每半年进行一次演练，并结合实际，不断完善预案。其他单位应当结合本单位实际，参照制定相应的应急方案，至少每年组织一次演练。

消防安全管理隐患排查应用举例，如表9-22所示。

表9-22　消防安全管理隐患排查应用举例（十八）

<table>
<tr><td>隐患类型</td><td colspan="2">隐患要素</td><td>隐患编号</td></tr>
<tr><td>消防安全管理</td><td colspan="2">单位未按规定进行灭火和应急疏散预案演练</td><td>公安部令
-61(2001)-40-Ⅴ</td></tr>
<tr><td>依据标准</td><td colspan="3">《机关、团体、企业、事业单位消防安全管理规定》(公安部[2001]第61号令)第四十条　消防安全重点单位应当按照灭火和应急疏散预案，至少每半年进行一次演练，并结合实际，不断完善预案。其他单位应当结合本单位实际，参照制定相应的应急方案，至少每年组织一次演练</td></tr>
<tr><td>条文说明</td><td colspan="3">根据《社会单位灭火和应急疏散预案编制和实施通则》(GB/T 38315—2019)，灭火和应急疏散预案分为：单位总预案、部门分预案和重点部位专项预案</td></tr>
<tr><td>风险等级</td><td>整改类型</td><td>整改方式</td><td>整改措施</td></tr>
<tr><td>中风险　☑</td><td>综合管理　☑</td><td>限期整改　☑</td><td>管理措施　☑</td></tr>
</table>

9.9　消防教育培训

9.9.1　消防培训内容和频次

依据标准：《机关、团体、企业、事业单位消防安全管理规定》(公安部［2001］第61号令)。

> 第三十六条　单位应当通过多种形式开展经常性的消防安全宣传教育。消防安全重点单位对每名员工应当至少每年进行一次消防安全培训。宣传教育和培训内容应当包括：
>
> （一）有关消防法规、消防安全制度和保障消防安全的操作规程；
>
> （二）本单位、本岗位的火灾危险性和防火措施；
>
> （三）有关消防设施的性能、灭火器材的使用方法；
>
> （四）报火警、扑救初起火灾以及自救逃生的知识和技能。
>
> 公众聚集场所对员工的消防安全培训应当至少每半年进行一次，培训的内容还应当包括组织、引导在场群众疏散的知识和技能。
>
> 单位应当组织新上岗和进入新岗位的员工进行上岗前的消防安全培训。

9.9.2　消防培训对象和课时

依据标准：《社会单位消防安全教育培训规定》(公安部令［2009］109号)、《社会单位消防安全教育培训大纲（试行）》(公安部、教育部、人力资源和社会保障部联合颁布，2011年)。

消防培训对象及课时如下：

① 政府及其职能部门消防工作负责人（12h）；

② 社区居民委员会、农村村民委员会消防工作负责人（16h）；

③ 社会单位消防安全责任人、管理人和专职消防安全管理人员（32h）；

④ 自动消防系统操作、消防安全监测人员（180h）；

⑤ 建设工程设计人员（80h）；

⑥ 建设工程消防设施施工、监理、检测、维保等执业人员（60—80h）；

⑦ 易燃易爆危险化学品从业人员（32h）；

⑧ 电工、电气焊工等特殊工种作业人员（16h）；

⑨ 消防志愿人员（16h）；

⑩ 保安员（32h）；

⑪ 社会单位员工（8h）；

⑫ 大学生、中学生、小学生、学龄前儿童（4h）；

⑬ 居（村）民（4h）等，共 13 类。

消防安全管理隐患排查应用举例，如表 9-23 所示。

表 9-23　消防安全管理隐患排查应用举例（十九）

隐患类型	隐患要素		隐患编号
消防安全管理	社会单位消防安全教育培训对象及培训课时不符合规定		公安部令-109(2009)-V
依据标准	《社会单位消防安全教育培训规定》(公安部令[2009]109 号)、《社会单位消防安全教育培训大纲(试行)》(公安部、教育部、人力资源和社会保障部联合颁布,2011)。消防培训对象及课时如下…… 详见《社会单位消防安全教育培训大纲(试行)》的培训对象、内容、课时等		
风险等级	整改类型	整改方式	整改措施
中风险 ☑	综合管理类 ☑	限期整改 ☑	管理措施 ☑

9.9.3 消防专门培训

依据标准：《机关、团体、企业、事业单位消防安全管理规定》(公安部［2001］第 61 号令)。

> 第三十八条　下列人员应当接受消防安全专门培训：
>
> （一）单位的消防安全责任人、消防安全管理人；
>
> （二）专、兼职消防管理人员；
>
> （三）消防控制室的值班、操作人员；
>
> （四）其他依照规定应当接受消防安全专门培训的人员。
>
> 前款规定中的第（三）项人员应当持证上岗。

消防安全管理隐患排查应用举例，如表 9-24 所示。

表 9-24　消防安全管理隐患排查应用举例（二十）

<table>
<tr><td>隐患类型</td><td colspan="2">隐患要素</td><td>隐患编号</td></tr>
<tr><td>消防安全管理</td><td colspan="2">消防安全责任人、消防安全管理人员等未按规定接受消防安全专门培训</td><td>公安部令-61
(2001)-38-Ⅴ</td></tr>
<tr><td>依据标准</td><td colspan="3">《机关、团体、企业、事业单位消防安全管理规定》(公安部令[2001]第 61 号)第三十八条　下列人员应当接受消防安全专门培训：
(一)单位的消防安全责任人、消防安全管理人；
(二)专、兼职消防管理人员；
(三)消防控制室的值班 、操作人员；
(四)其他依照规定应当接受消防安全专门培训的人员。
前款规定中的第(三)项人员应当持证上岗</td></tr>
<tr><td>风险等级</td><td>整改类型</td><td>整改方式</td><td>整改措施</td></tr>
<tr><td>中风险　☑</td><td>综合管理类　☑</td><td>限期整改　☑</td><td>管理措施　☑</td></tr>
</table>

第10章 重大火灾隐患判定方法

重大火灾隐患是指违反消防法律法规、不符合消防技术标准，可能导致火灾发生或火灾危害扩大，并由此可能造成重大、特别重大火灾事故或者严重社会影响的各类潜在不安全因素。及时发现和消除重大火灾隐患，对于预防和减少火灾发生、保障社会经济发展和人民群众生命财产安全、维护社会稳定具有重要意义。《重大火灾隐患判定方法》（GB 35181）给出了判断重大火灾隐患的方法，判断方法可分为直接判定（共10个要素）、综合判定（共39项要素）。该标准适用于城乡消防安全布局、公共消防设施、在用工业与民用建筑（包括人民防空工程）及相关场所因违反消防法律法规、不符合消防技术标准而形成的重大火灾隐患的判定。

判定为重大火灾隐患后，应对隐患进行整改。(1) 对不能当场改正的火灾隐患，消防工作归口管理职能部门或者专兼职消防管理人员应当根据本单位的管理分工，及时将存在的火灾隐患向单位的消防安全管理人或者消防安全责任人报告，提出整改方案。消防安全管理人或者消防安全责任人应当确定整改的措施、期限以及负责整改的部门、人员，并落实整改资金。(2) 在火灾隐患消除之前，单位应当落实防范措施，保障消防安全。不能确保消防安全，随时可能引发火灾或者一旦发生火灾将严重危及人身安全的，应当将危险部位停产停业整改。(3) 火灾隐患整改完毕，负责整改的部门或者人员应当将整改情况记录报送消防安全责任人或者消防安全管理人签字确认后存档备查。

10.1 重大火灾隐患判定依据

《刑法》(全国人大常务委员会审议通过，2020年修正)。

> 第一百三十四条【重大责任事故罪；强令、组织他人违章冒险作业罪】在生产、作业中违反有关安全管理的规定，因而发生重大伤亡事故或者造成其他严重后果的，处三年以下有期徒刑或者拘役；情节特别恶劣的，处三年以上七年以下有期徒刑。

> 强令他人违章冒险作业，或者明知存在重大事故隐患而不排除，仍冒险组织作业，因而发生重大伤亡事故或者造成其他严重后果的，处五年以下有期徒刑或者拘役；情节特别恶劣的，处五年以上有期徒刑。
>
> 第一百三十四条之一【危险作业罪】在生产、作业中违反有关安全管理的规定，有下列情形之一，具有发生重大伤亡事故或者其他严重后果的现实危险的，处一年以下有期徒刑、拘役或者管制：
>
> （一）关闭、破坏直接关系生产安全的监控、报警、防护、救生设备、设施，或者篡改、隐瞒、销毁其相关数据、信息的；
>
> （二）因存在重大事故隐患被依法责令停产停业、停止施工、停止使用有关设备、设施、场所或者立即采取排除危险的整改措施，而拒不执行的；
>
> （三）涉及安全生产的事项未经依法批准或者许可，擅自从事矿山开采、金属冶炼、建筑施工，以及危险物品生产、经营、储存等高度危险的生产作业活动的。

由此可知，社会单位或企业只要“存在重大事故隐患”，即使没有发生安全事故，一旦发生事故，将被追究刑事责任。

所谓重大火灾隐患是指违反消防法律法规、不符合消防技术标准，可能导致火灾发生或火灾危害增大，并由此可能造成重大、特别重大火灾事故或严重社会影响的各类潜在不安全因素。及时发现和消除重大火灾隐患，对于预防和减少火灾发生、保障社会经济发展和人民群众生命财产安全、维护社会稳定具有重要意义。

依据标准：《重大火灾隐患判定方法》（GB 35181—2017）。

> 本标准是依据消防法律法规和国家工程建设消防技术标准，在广泛调查研究、总结实践经验、参考借鉴国内外有关资料，并充分征求意见的基础上制定的。本标准的制定和发布，为公民、法人、其他组织和公安机关消防机构提供了判定重大火灾隐患的方法，也可为消防安全评估提供技术依据。

10.2 重大火灾隐患判定程序

依据标准：《重大火灾隐患判定方法》（GB 35181—2017）。

> 4.2 重大火灾隐患判定适用下列程序：
>
> a）现场检查：组织进行现场检查，核实火灾隐患的具体情况，并获取相关影像和文字资料；
>
> b）集体讨论：组织对火灾隐患进行集体讨论，做出结论性判定意见，参与人数不应少于 3 人；

c）专家技术论证：对于涉及复杂疑难的技术问题，按照本标准判定重大火灾隐患有困难的，应组织专家成立专家组进行技术论证，形成结论性判定意见。结论性判定意见应有三分之二以上的专家同意。

4.3　技术论证专家组应由当地政府有关行业主管部门、监督管理部门和相关消防技术专家组成，人数不应少于 7 人。

10.3　重大火灾隐患判定方法

依据标准：《重大火灾隐患判定方法》（GB 35181—2017）重大火灾隐患判定，分为：直接判定和综合判定。

10.3.1　重大隐患直接判定

根据重大火灾隐患直接判定要素任意一条即可判定为重大隐患。

10.3.2　重大隐患综合判定

根据重大火灾隐患综合判定要素，符合以下条件，即可判定为重大隐患：

a）人员密集场所存在 GB 35181—2017 中 7.3.1～7.3.9 和 7.5、7.9.3 规定的综合判定要素 3 条以上（含本数，下同）；

b）易燃、易爆危险品场所存在 GB 35181—2017 中 7.1.1～7.1.3、7.4.5 和 7.4.6 规定的综合判定要素 3 条以上；

c）人员密集场所、易燃易爆危险品场所、重要场所存在 GB 35181—2017 中第 7 章规定的任意综合判定要素 4 条以上；

d）其他场所存在 GB 35181—2017 中第 7 章规定的任意综合判定要素 6 条以上。

10.4　重大火灾隐患判定要素

10.4.1　重大火灾隐患直接判定要素

依据标准：《重大火灾隐患判定方法》（GB 35181—2017）。

6　直接判定要素

6.1　生产、储存和装卸易燃易爆危险品的工厂、仓库和专用车站、码头、储罐区，未设置在城市的边缘或相对独立的安全地带。

6.2　生产、储存、经营易燃易爆危险品的场所与人员密集场所、居住场所设置在同一建筑物内，或与人员密集场所、居住场所的防火间距小于国家工程建设消防技术标准规定值的75%。

6.3　城市建成区内的加油站、天然气或液化石油气加气站、加油加气合建站的储量达到或超过GB 50156对一级站的规定。

6.4　甲、乙类生产场所和仓库设置在建筑的地下室或半地下室。

6.5　公共娱乐场所、商店、地下人员密集场所的安全出口数量不足或其总净宽度小于国家工程建设消防技术标准规定值的80%。

6.6　旅馆、公共娱乐场所、商店、地下人员密集场所未按国家工程建设消防技术标准的规定设置自动喷水灭火系统或火灾自动报警系统。

6.7　易燃可燃液体、可燃气体储罐（区）未按国家工程建设消防技术标准的规定设置固定灭火、冷却、可燃气体浓度报警、火灾报警设施。

6.8　在人员密集场所违反消防安全规定使用、储存或销售易燃易爆危险品。

6.9　托儿所、幼儿园的儿童用房以及老年人活动场所，所在楼层位置不符合国家工程建设消防技术标准的规定。

6.10　人员密集场所的居住场所采用彩钢夹芯板搭建，且彩钢夹芯板芯材的燃烧性能等级低于GB 8624规定的A级。

10.4.2　重大火灾隐患综合判定要素

依据标准：《重大火灾隐患判定方法》（GB 35181—2017）。

综合判定要素，分为：总平面布置、防火分隔、安全疏散设施与灭火救援条件、防烟排烟设施、消防供电、火灾自动报警系统、消防安全管理和其他。

7.1　总平面布置

7.1.1　未按国家工程建设消防技术标准的规定或城市消防规划的要求设置消防车道或消防车道被堵塞、占用。

7.1.2　建筑之间的既有防火间距被占用或小于国家工程建设消防技术标准的规定值的80%，明火和散发火花地点与易燃易爆生产厂房、装置设备之间的防火间距小于国家工程建设消防技术标准的规定值。

7.1.3　在厂房、库房、商场中设置员工宿舍，或是在居住等民用建筑中从事生产、储存、经营等活动，且不符合GA 703的规定。

7.1.4　地下车站的站厅乘客疏散区、站台及疏散通道内设置商业经营活动场所。

7.2　防火分隔

7.2.1　原有防火分区被改变并导致实际防火分区的建筑面积大于国家工程建设消防技术标准规定值的50%。

7.2.2　防火门、防火卷帘等防火分隔设施损坏的数量大于该防火分区相应防火分隔设施总数的50％。

7.2.3　丙、丁、戊类厂房内有火灾或爆炸危险的部位未采取防火分隔等防火防爆技术措施。

7.3　安全疏散设施与灭火救援条件

7.3.1　建筑内的避难走道、避难间、避难层的设置不符合国家工程建设消防技术标准的规定，或避难走道、避难间、避难层被占用。

7.3.2　人员密集场所内疏散楼梯间的设置形式不符合国家工程建设消防技术标准的规定。

7.3.3　除6.5规定外的其他场所或建筑物的安全出口数量或宽度不符合国家工程建设消防技术标准的规定，或既有安全出口被封堵。

7.3.4　按国家工程建设消防技术标准的规定，建筑物应设置独立的安全出口或疏散楼梯而未设置。

7.3.5　商店营业厅内的疏散距离大于国家工程建设消防技术标准规定值的125％。

7.3.6　高层建筑和地下建筑未按国家工程建设消防技术标准的规定设置疏散指示标志、应急照明，或所设置设施的损坏率大于标准规定要求设置数量的30％；其他建筑未按国家工程建设消防技术标准的规定设置疏散指示标志、应急照明，或所设置设施的损坏率大于标准规定要求设置数量的50％。

7.3.7　设有人员密集场所的高层建筑的封闭楼梯间或防烟楼梯间的门的损坏率超过其设置总数的20％，其他建筑的封闭楼梯间或防烟楼梯间的门的损坏率大于其设置总数的50％。

7.3.8　人员密集场所内疏散走道、疏散楼梯间、前室的室内装修材料的燃烧性能不符合GB 50222的规定。

7.3.9　人员密集场所的疏散走道、楼梯间、疏散门或安全出口设置栅栏、卷帘门。

7.3.10　人员密集场所的外窗被封堵或被广告牌等遮挡。

7.3.11　高层建筑的消防车道、救援场地设置不符合要求或被占用，影响火灾扑救。

7.3.12　消防电梯无法正常运行。

7.4　消防给水与灭火设施

7.4.1　未按国家工程建设消防技术标准的规定设置消防水源、储存泡沫液等灭火剂。

7.4.2　未按国家工程建设消防技术标准的规定设置室外消防给水系统，或已设置但不符合标准的规定或不能正常使用。

7.4.3　未按国家工程建设消防技术标准的规定设置室内消火栓系统，或已设置但不符合标准的规定或不能正常使用。

7.4.4　除旅馆、公共娱乐场所、商店、地下人员密集场所外，其他场所未按国家工程建设消防技术标准的规定设置自动喷水灭火系统。

7.4.5　未按国家工程建设消防技术标准的规定设置除自动喷水灭火系统外的其他固定灭火设施。

7.4.6 已设置的自动喷水灭火系统或其他固定灭火设施不能正常使用或运行。

7.4.7 设有人员密集场所的高层建筑的封闭楼梯间或防烟楼梯间的门的损坏率超过其设置总数的20%，其他建筑的封闭楼梯间或防烟楼梯间的门的损坏率大于其设置总数的50%。

7.4.8 人员密集场所内疏散走道、疏散楼梯间、前室的室内装修材料的燃烧性能不符合GB 50222的规定。

7.4.9 人员密集场所的疏散走道、楼梯间、疏散门或安全出口设置栅栏、卷帘门。

7.4.10 人员密集场所的外窗被封堵或被广告牌等遮挡。

7.4.11 高层建筑的消防车道、救援场地设置不符合要求或被占用，影响火灾扑救。

7.4.12 消防电梯无法正常运行。

7.5 防烟排烟设施

人员密集场所、高层建筑和地下建筑未按国家工程建设消防技术标准的规定设置防烟、排烟设施，或已设置但不能正常使用或运行。

7.6 消防供电

7.6.1 消防用电设备的供电负荷级别不符合国家工程建设消防技术标准的规定。

7.6.2 消防用电设备未按国家工程建设消防技术标准的规定采用专用的供电回路。

7.6.3 未按国家工程建设消防技术标准的规定设置消防用电设备末端自动切换装置，或已设置但不符合标准的规定或不能正常自动切换。

7.7 火灾自动报警系统

7.7.1 除旅馆、公共娱乐场所、商店、其他地下人员密集场所以外的其他场所未按国家工程建设消防技术标准的规定设置火灾自动报警系统。

7.7.2 火灾自动报警系统不能正常运行。

7.7.3 防烟排烟系统、消防水泵以及其他自动消防设施不能正常联动控制。

7.8 消防安全管理

7.8.1 社会单位未按消防法律法规要求设置专职消防队。

7.8.2 消防控制室操作人员未按GB 25506的规定持证上岗。

7.9 其他

7.9.1 生产、储存场所的建筑耐火等级与其生产、储存物品的火灾危险性类别不相匹配，违反国家工程建设消防技术标准的规定。

7.9.2 生产、储存、装卸和经营易燃易爆危险品的场所或有粉尘爆炸危险场所未按规定设置防爆电气设备和泄压设施，或防爆电气设备和泄压设施失效。

7.9.3 违反国家工程建设消防技术标准的规定使用燃油、燃气设备，或燃油、燃气管道敷设和紧急切断装置不符合标准规定。

7.9.4 违反国家工程建设消防技术标准的规定在可燃材料或可燃构件上直接敷设电气线路或安装电气设备，或采用不符合标准规定的消防配电线缆和其他供配电线缆。

7.9.5 违反国家工程建设消防技术标准的规定在人员密集场所使用易燃、可燃材料装修、装饰。

10.5　重大火灾隐患立案销案

10.5.1　重大火灾隐患立案

依据标准：《重大火灾隐患判定、督办及立销案办法（试行）》（公消［2006］194 号）。

第七条　［立案］构成重大火灾隐患的，报本级公安消防部门负责人批准后，应当及时立案并制作《重大火灾隐患限期整改通知书》，自检查之日起 4 个工作日内送达。组织专家论证的，可以延长 10 个工作日送达。

《重大火灾隐患限期整改通知书》应当抄送当地人民检察院、法院、有关行业主管部门、监管部门和上一级地方公安消防部门。

第八条　［报告政府］公安消防部门应当定期公布和向当地人民政府报告本地区重大火灾隐患情况。

10.5.2　重大火灾隐患整改

依据标准：《重大火灾隐患判定、督办及立销案办法（试行）》（公消［2006］194 号）。

第九条　［跟踪督导］公安消防部门应当督促重大火灾隐患单位落实整改责任、整改方案和整改期间的安全防范措施，并根据单位的需要提供技术指导。

第十条　［提请政府督办］下列单位或者场所存在重大火灾隐患自身确无能力解决，严重影响公共安全的，公安消防部门应当及时提请当地人民政府列入督办事项或予以挂牌督办，协调解决……

10.5.3　重大火灾隐患销案

依据标准：《重大火灾隐患判定、督办及立销案办法（试行）》（公消［2006］194 号）。

第十七条　［销案］重大火灾隐患经公安消防部门检查确认整改消除，或者经专家论证认为已经消除的，报公安消防部门负责人批准后予以销案。

政府挂牌督办的重大火灾隐患销案后，公安消防部门应当及时报告当地人民政府予以摘牌。

10.6 重大火灾隐患判定应用举例

10.6.1 重大火灾隐患直接判定应用举例

重大火灾隐患直接判定要素，违反其中之一即可直接判定为重大火灾隐患。同时，每个重大火灾隐患直接判定要素都有其相应的依据标准，例如，GB 35181—2017 6.4 甲、乙类生产场所和仓库设置在建筑的地下室或半地下室。

《建筑防火通用规范》(GB 55037—2022)。

> ▲4.2.1 除特殊工艺要求外，下列场所不应设置在地下或半地下：
> 1 甲、乙类生产场所；
> 2 甲、乙类仓库；
> 3 有粉尘爆炸危险的生产场所、滤尘设备间；
> 4 邮袋库、丝麻棉毛类物质库。

隐患编号 GB 55037—2022 ▲4.2.1（1）（2)-Ⅱ为一般火灾隐患，而隐患编号 GB 35181—（2017） 6.4-Ⅴ为重大火灾隐患。

重大火灾隐患直接判定要素应用举例，如表 10-1 所示。

表 10-1 重大火灾隐患直接判定要素应用举例

<table>
<tr><td>隐患类型</td><td colspan="2">隐患要素</td><td>隐患编号</td></tr>
<tr><td>重大火灾隐患直接要素</td><td colspan="2">甲、乙类生产场所和仓库设置在建筑的地下室或半地下室</td><td>GB 35181-(2017)-★6.4-Ⅴ</td></tr>
<tr><td>依据标准</td><td colspan="3">《重大火灾隐患判定方法》(GB 35181—2017)★6.4 甲、乙类生产场所和仓库设置在建筑的地下室或半地下室</td></tr>
<tr><td>条文说明</td><td colspan="3">根据重大火灾隐患直接判定要素任意一条即可判定为重大隐患。其相应的依据标准:《建筑防火通用规范》(GB 55037—2022)▲4.2.1 除特殊工艺要求外,下列场所不应设置在地下或半地下:
1 甲、乙类生产场所;
2 甲、乙类仓库</td></tr>
<tr><td>风险等级</td><td>整改类型</td><td>整改方式</td><td>整改措施</td></tr>
<tr><td>高风险 ☑</td><td>综合管理类 ☑</td><td>停工整改 ☑</td><td>管理措施 ☑</td></tr>
<tr><td>表注</td><td colspan="3">▲强制性条文,必须严格执行。★重大消防问题</td></tr>
</table>

10.6.2 重大火灾隐患综合判定要素应用举例

重大火灾隐患综合判定要素应用举例，如表 10-2 所示。

表 10-2　重大火灾隐患综合判定要素应用举例

隐患类型	隐患要素		隐患编号
重大火灾隐患综合要素	1)人员密集场所的疏散走道、楼梯间、疏散门或安全口设置栅栏、卷帘门		GB 35181-(2017)-7.3.9-V
	2)人员密集场所、高层建筑和地下建筑未按规定设置防烟、排烟设施,或已设置但不能正常使用或运行		GB 35181-(2017)-7.5-V
	3)违反规定使用燃油、燃气设备,或燃油、燃气管道敷设和紧急切断装置不符合标准规定		GB 35181-(2017)-7.9.3-V
依据标准	《重大火灾隐患判定方法》(GB 35181—2017)7.3.9 人员密集场所的疏散走道、楼梯间、疏散门或安全出口设置栅栏、卷帘门		
	《重大火灾隐患判定方法》(GB 35181—2017)7.5 人员密集场所、高层建筑和地下建筑未按国家工程建设消防技术标准的规定设置防烟、排烟设施,或已设置但不能正常使用或运行		
	《重大火灾隐患判定方法》(GB 35181—2017)7.9.3 违反国家工程建设消防技术标准的规定使用燃油、燃气设备,或燃油、燃气管道敷设和紧急切断装置不符合标准规定		
条文说明	综合判定方法:人员密集场所存在 7.3.1～7.3.9 和 7.5、7.9.3 规定的综合判定要素 3 条以上即可判定为重大火灾隐患		
风险等级	整改类型	整改方式	整改措施
高风险 ☑	综合管理类 ☑	停工整改 ☑	管理措施 ☑

附录1 隐患数据库查询

消防管理与隐患排查隐患数据库查询应用举例如下所示。

序号	表号	隐患要素	隐患编号
		1 火灾风险行为——用火管理	
1	表 3-1	卧床吸烟、酒后吸烟,随意丢弃烟头	消防局指南-(2022)-1(1)-Ⅴ
		2 火灾风险行为——用电管理	
2	表 3-2	使用非正规厂家生产或没有质量合格认证的电器产品	消防局指南-(2022)-2(1)-Ⅴ
		3 火灾风险行为——用油用气管理	
3	表 3-3	液化石油气罐存放在住人的房间、办公室和人员稠密的公共场所	消防局指南-(2022)-3(1)-Ⅴ
		4 工业建筑场所	
4	表 4-1	同一座厂房或厂房的任一防火分区内有不同火灾危险性生产时,厂房或防火分区内的生产火灾危险性分类未按火灾危险性较大的部分确定	GB 50016-(2014)-3.1.2-Ⅱ
5	表 4-2	丁、戊类储存物品仓库的火灾危险性,当可燃包装重量大于物品本身重量 1/4 或可燃包装体积大于物品本身体积的 1/2 时,未按丙类确定	GB 50016-(2014)-3.1.5-Ⅱ
6	表 4-3	甲类厂房与人员密集场所的防火间距大于 50m,与明火或散发火花地点的防火间距大于 30m	GB 55037-(2022)-▲3.2.1-Ⅱ
7	表 4-4	单多层民用建筑、地下建筑等防火分隔不符合规定	GB 55037-(2022)-▲4.1.2-Ⅱ
8	表 4-5	建筑中有可燃气体、蒸气、粉尘、纤维爆炸危险性的场所或部位,未采取防止形成爆炸条件的措施;当采用泄压、减压、结构抗爆或防爆措施时,未保证建筑的主要承重结构在燃烧爆炸产生的压强作用下仍能发挥其承载功能	GB 55037-(2022)-▲2.1.7-Ⅱ
9	表 4-6	有爆炸危险区域的楼梯间、室外楼梯或有爆炸危险的区域与相邻区域连通处未按规定设置门斗等防护措施	GB 50016-(2014)-3.6.10-Ⅱ

续表

序号	表号	隐患要素	隐患编号
10	表 4-7	甲、乙类生产场所的送风设备,与排风设备设置在同一通风机房内 。用于排除甲、乙类物质的排风设备,与其他房间的非防爆送、排风设备设置在同一通风机房内	GB 55037-(2022)-▲9.1.2-Ⅱ
11	表 4-8	使用和生产甲、乙、丙类液体的场所中,管、沟与相邻建筑或场所的管、沟相通,下水道未采取防止含可燃液体的污水流入的措施	GB 55037-(2022)-▲4.2.8-Ⅱ
12	表 4-9	甲类仓库与高层民用建筑和设置人员密集场所的民用建筑的防火间距小于 50m,甲类仓库之间的防火间距小于 20m	GB 55037-(2022)-▲3.2.2-Ⅱ
13	表 4-10	甲、乙类生产场所(仓库)设置在地下或半地下	GB 55037-(2022)-▲4.2.1-Ⅱ
14	表 4-11	附设在建筑内的油浸变压器室、多油开关室、高压电容器室未设置防止油品流散的设施	GB 55037-(2022)-▲4.1.6-Ⅱ
5 建筑消防设施			
5.1 灭火救援设施			
15	表 5-1	工业与民用建筑周围、工厂厂区内、仓库库区内、城市轨道交通的车辆基地内、其他地下工程的地面出入口附近,未设置可通行消防车并与外部公路或街道连通的道路	GB 55037-(2022)-▲3.4.1-Ⅲ
16	表 5-2	消防车道的净宽度和净空高度不符合规定	GB 55037-(2022)-▲3.4.5(1)-Ⅲ
17	表 5-3	未按规定设置环形消防车道及回车场或设置不符合规定	GB 50016-(2014)-7.1.9-Ⅲ
18	表 5-4	未设置消防车登高操作场地或设置不符合规定	GB 55037-(2022)-▲3.4.7-Ⅲ
19	表 5-5	除有特殊要求的建筑和甲类厂房外,在建筑的外墙上未设置便于消防救援人员出入的消防救援口的	GB 55037-(2022)-▲2.2.3-Ⅲ
20	表 5-6	建筑未按规定设置消防电梯	GB 55037-(2022)-▲2.2.6-Ⅲ
21	表 5-7	未按规定设置消防水泵接合器	GB 55037-(2022)-▲8.1.12-Ⅲ
22	表 5-8	消防水泵接合器未设置防止机动车辆撞击的设施	GB 55037-(2022)-▲12.0.1-Ⅲ
23	表 5-9	严寒地区城市主要干道未按规定设置消防水鹤	GB 50974-(2014)-7.2.9-Ⅲ
24	表 5-10	直升机停机坪设置不符合规定	GB 50016-(2014)-7.4.2-Ⅲ
5.2 建筑防火设施			
25	表 5-11	防火墙设置不符合规定	GB 55037-(2022)-▲6.1.1-Ⅱ
26	表 5-12	常闭式防火门未按规定设置"保持防火门关闭"等提示标识	GB 50016-(2014)-6.5.1(2)-Ⅱ
27	表 5-13	防火卷帘与楼板、梁、墙、柱之间的空隙未采用防火封堵材料封堵	GB 50016-(2014)-6.5.3(4)-Ⅱ

续表

序号	表号	隐患要素	隐患编号
28	表 5-14	通风、空气调节系统的风管未采取防止火灾通过管道蔓延至其他防火分隔区域的措施	GB 55037-(2022)-▲6.3.5-Ⅱ
29	表 5-15	建筑内的电气线路和各类管道等防火封堵不符合规定	GB 55037-(2022)-▲6.3.4-Ⅱ
30	表 5-16	地下或半地下丙类仓库等部位未按规定采用 A 级装修材料	GB 55037-(2022)-▲6.5.7-Ⅱ
31	表 5-17	建筑外墙采用内保温系统不符合规定	GB 55037-(2022)-▲6.6.9-Ⅱ
5.3 防烟排烟设施			
32	表 5-18	封闭楼梯间未设置防烟措施	GB 55037-(2022)-▲8.2.1(1)-Ⅱ
33	表 5-19	加压送风口的设置风速不符合规定	GB 51251-(2017)-3.3.6(3)-Ⅱ
34	表 5-20	排烟口的风速不符合规定	GB 51251-(2017)-4.4.12(7)-Ⅱ
35	表 5-21	机械补风口的风速不符合规定	GB 51251-(2017)-4.5.6-Ⅱ
36	表 5-22	排烟风机与风机入口处排烟防火阀未联锁设置	GB 51251-(2017)-4.4.6-Ⅱ
37	表 5-23	送风机的进风口与排烟风机的出风口设置距离不符合规定	GB 51251-(2017)-3.3.5(3)-Ⅱ
38	表 5-24	防烟、排烟系统未按规定设置明显标识	GB 51251-(2017)-6.1.5-Ⅱ
5.4 安全疏散设施			
39	表 5-25	厂房内相邻 2 个安全出口水平距离不符合规定	GB 50016-(2014)-3.7.1-Ⅳ
40	表 5-26	建筑的疏散楼梯间未直接通至室外，其门或窗未向外开启	GB 50016-(2014)-5.5.3-Ⅳ
41	表 5-27	人员密集的公共场所、观众厅的疏散门设置门槛，或紧靠门口内外各 1.40m 设置门槛	GB 50016-(2014)-5.5.19-Ⅳ
42	表 5-28	封闭楼梯间、防烟楼梯间及其前室内未禁止穿过或设置可燃气体管道	GB 55037-(2022)-▲7.1.8(3)-Ⅳ
43	表 5-29	距地 8m 及以下灯具未按规定选择 A 型灯具	GB 51309-(2018)-3.2.1(4)-Ⅳ
5.5 消火栓灭火设施			
44	表 5-30	建筑占地面积大于 300m^2 的厂房、仓库和民用建筑未按规定设置室外消火栓系统	GB 55037-(2022)-▲8.1.5(1)-Ⅲ
45	表 5-31	厂房和仓库未按规定设置室内消火栓系统	GB 55037-(2022)-▲8.1.7(1)-Ⅲ
46	表 5-32	市政消火栓的保护半径及间距不符合规定	GB 55036-(2022)-▲7.2.5-Ⅲ

续表

序号	表号	隐患要素	隐患编号
47	表 5-33	市政给水管网市政消火栓压力不符合规定	GB 50974-(2014)-▲3.0.3-Ⅲ
48	表 5-34	建筑室外消火栓的数量及保护半径不符合规定	GB 50974-(2014)-▲7.3.2-Ⅲ
49	表 5-35	工艺装置区、储罐区、堆场等构筑物采用高压或临时高压消防给水系统室外消火栓处未配置消防水带和消防水枪	GB 50974-(2014)-7.3.9-Ⅲ
50	表 5-36	未按规定在倒流防止器前设置一个室外消火栓	GB 55036-(2022)-▲3.0.4(2)-Ⅲ
51	表 5-37	室内消火栓的配置不符合要求	GB 50974-(2014)-7.4.2-Ⅲ
52	表 5-38	消火栓栓口距地面高度不符合规定，与墙面未设置成90°角或向下	GB 50974-(2014)-7.4.8-Ⅲ
53	表 5-39	室内消火栓布置距离不符合规定	GB 50974-(2014)-7.4.10-Ⅲ
54	表 5-40	室内消火栓栓口压力和消防水枪充实水柱不符合规定	GB 50974-(2014)-7.4.12-Ⅲ
5.6 自动消防设施			
55	表 5-41	单、多层制鞋、制衣、玩具及电子等类似生产的厂房未按规定设置自动喷水灭火系统	GB 55037-(2022)-▲8.1.8(2)-Ⅲ
56	表 5-42	除本条第7款～第11款规定外，其他丙、丁类地上高架仓库未设置自动喷水灭火系统的	GB 55037-(2022)-▲8.1.8(12)-Ⅲ
57	表 5-43	设置具有送回风道(管)系统的集中空气调节系统且总建筑面积大于3000m^2的单、多层办公建筑未设置自动灭火系统的	GB 55037-(2022)-▲8.1.9(7)-Ⅲ
58	表 5-44	日装瓶数量大于3000瓶的液化石油气储配站的灌瓶间、实瓶库未按规定设置雨淋自动喷水灭火系统	GB 55037-(2022)-▲8.1.11(5)-Ⅲ
59	表 5-45	水喷雾灭火系统用于扑救遇水能发生化学反应造成燃烧、爆炸的火灾，以及水雾会对保护对象造成明显损害的火灾	GB 50219-(2014)-1.0.4-Ⅲ
60	表 5-46	气体灭火系统用于扑救硝化纤维、硝酸钠等氧化剂或含氧化剂的化学制品火灾	GB 50370-(2005)-3.2.2(1)-Ⅲ
61	表 5-47	硝化纤维、炸药等在无空气的环境中仍能迅速氧化的化学物质和强氧化剂的场所选用泡沫自动灭火系统	GB 50151-(2021)-1.0.3(1)-Ⅲ
62	表 5-48	遇水发生化学反应会引起燃烧或爆炸等场所设置水炮灭火系统或泡沫炮灭火系统	GB 55036-(2022)-▲7.0.1-Ⅲ
5.7 火灾探测器			
63	表 5-49	当梁突出顶棚的高度超过600mm，未按规定设置火灾探测器	GB 50116-(2013)-6.2.3(3)-Ⅲ
64	表 5-50	未按规定在宽度小于3m的内走道顶棚上设置点型探测器或设置不符合规定	GB 50116-(2013)-6.2.4-Ⅲ

续表

序号	表号	隐患要素	隐患编号
65	表 5-51	点型探测器至空调送风口边的水平距离不符合规定	GB 50116-(2013)-6.2.8-Ⅲ
66	表 5-52	格栅吊顶场所的镂空面积大于30%的，感烟火灾探测器设置在吊顶下方的	GB 50116-(2013)-6.2.18(2)-Ⅲ
67	表 5-53	线型光束感烟火灾探测器的设置不符合规定	GB 50116-(2013)-6.2.15-Ⅲ
68	表 5-54	线型感温火灾探测器的设置不符合规定	GB 50116-(2013)-6.2.16-Ⅲ
69	表 5-55	手动火灾报警按钮的设置不符合规定	GB 50116-(2013)-6.3.1-Ⅲ
5.8 可燃气体探测器			
70	表 5-56	可燃气体探测器设置位置不符合规定	GB 50116-(2013)-8.2.2-Ⅲ
71	表 5-57	可燃气体探测器未按规定启动保护区域的火灾声光警报器	GB 50116-(2017)-8.1.5-Ⅰ
5.9 灭火器配置			
72	表 5-58	灭火器配置数量不符合规定	GB 55036-(2022)-▲10.0.3(2)-Ⅲ
73	表 5-59	场所的灭火器最大保护距离不符合规定	GB 55036-(2022)-▲10.0.2-Ⅲ
74	表 5-60	灭火器检查不符合规定	GB 50444-(2008)-5.2.1-Ⅲ
75	表 5-61	灭火器达到维修期限未按规定维修	GB 50444-(2008)-5.3.2-Ⅲ
76	表 5-62	灭火器超过报废期限未按规定报废	GB 55036-(2022)-▲10.0.8-Ⅲ
6 消防设备用房			
消防设备用房建筑防火			
77	表 6-1	单独建造的消防控制室其建筑耐火等级不符合规定	GB 55037-(2022)-▲4.1.8(1)-Ⅴ
78	表 6-2	消防水泵房设置层数不符合规定	GB 55037-(2022)-▲4.1.7(3)-Ⅴ
79	表 6-3	附设在建筑物内的消防水泵房与其他部位的防火分隔设施不符合规定	GB 55037-(2022)-▲4.1.7(2)-Ⅴ
6.1 消防控制室			
80	表 6-4	消防控制室值班人员工作面设备面盘至墙的距离不符合规定	GB 50116-(2013)-3.4.8(2)-Ⅴ
81	表 6-5	消防控制室未设置用于火灾报警的外线电话	GB 50116-(2013)-3.4.3-Ⅴ
82	表 6-6	消防控制室值班人员未按规定持证上岗	GB 25506-(2010)-▲4.2.1-Ⅴ

续表

序号	表号	隐患要素	隐患编号
83	表 6-7	消防控制室值班人员未按规定实施应急程序	GB 25506-(2010)-▲4.2.2-Ⅴ
84	表 6-8	消防控制室值班人员未按规定填写值班记录	GB 25201-(2010)-▲5.2(b)-Ⅴ
85	表 6-9	消防控制室未按规定设置与消防水泵、消防水池、高位消防水箱等控制和显示运行状态的功能	GB 50974-(2014)-11.0.7-Ⅲ
消防水泵房			
86	表 6-10	消防水泵房采暖温度不符合规定	GB 55036-(2022)-▲4.1.7(5)-Ⅴ
87	表 6-11	消防水泵房控制柜未使消防水泵处于启泵状态	GB 55036-(2022)-▲3.0.12(2)-Ⅴ
88	表 6-12	消防水泵房控制柜 IP 防护等级不符合规定	GB 55036-(2022)-▲3.0.12(1)-Ⅴ
89	表 6-13	消防水泵房未按规定设置备用照明或不符合规定	GB 55036-(2022)-▲10.1.11-Ⅴ
90	表 6-14	消防水泵房未按规定设置消防分机或电话插孔	GB 50116-(2013)-6.7.4-Ⅴ
6.2 消防水池			
91	表 6-15	消防水池有效容积不符合规定	GB 55036-(2020)-▲3.0.8(1)-Ⅴ
92	表 6-16	消防水池水位装置不符合规定	GB 55036-(2022)-▲3.0.8(4)-Ⅲ
93	表 6-17	消防水池未设置通气管或通气管未采取防止虫鼠等进入消防水池的技术措施	GB 50974-(2014)-4.3.10-Ⅲ
6.3 高位消防水箱			
94	表 6-18	工业建筑临时高压消防给水系统高位消防水箱有效容积不满足要求	GB 50974-(2014)-5.2.1-Ⅲ
95	表 6-19	高位消防水箱的设置位置未高于其所服务的水灭火设施	GB 50974-(2014)-5.2.2-Ⅲ
96	表 6-20	高位消防水箱出水管上未设置流量开关或报警阀压力开关等不能直接自动启动消防水泵房内的消防水泵	GB 50974-(2014)-11.0.4-Ⅲ
6.4 其他辅助设施			
97	表 6-21	室内消火栓栓口压力大于 0.70MPa 未设置减压装置	GB 50974-(2014)-7.4.12(1)-Ⅲ
98	表 6-22	报警阀组设置点不便于操作,报警阀组部位未设排水设施	GB 50084-(2017)-6.2.6-Ⅲ
99	表 6-23	末端试水装置未设置标识,未采取不被他用的措施	GB 50084-(2017)-6.5.3-Ⅲ
100	表 6-24	消防自备发电设备设置不符合规定	GB 50016-(2014)-10.1.4-Ⅲ
7 消防重点部位			
101	表 7-1	单位未按规定确定本单位的消防安全重点部位	GB/T 40248-(2021)-7.11.2-Ⅴ

续表

序号	表号	隐患要素	隐患编号
102	表 7-2	锅炉房与人员密集场所贴邻未采取防火分隔措施	GB 55037-(2022)-▲4.1.4(1)-Ⅱ
103	表 7-3	变压器室之间、变压器室与配电室之间防火分隔墙不符合规定	GB 55037-(2022)-▲4.1.6(3)-Ⅱ
104	表 7-4	柴油发电机房与民用建筑贴邻，未采用防火分隔设施	GB 55037-(2022)-▲4.1.4-Ⅲ
105	表 7-5	柴油发电机房未按规定设置防火分隔设施	GB 55037-(2022)-▲4.1.4(3)-Ⅲ
106	表 7-6	丙类液体燃料储罐间设置不符合规定	GB 50016-(2014)-5.4.14(3)-Ⅱ
107	表 7-7	建筑采用瓶装液化石油气瓶组供气瓶组间的总出气管道上未设置紧急事故自动切断阀和可燃气体浓度报警装置	GB 55037-(2022)-▲4.3.11-Ⅰ
108	表 7-8	库房内堆放物品“五距”不满足要求	XF 1131-(2014)-6.8-Ⅰ
109	表 7-9	仓储场所的每个库房未按规定在库房外单独安装电气开关箱	XF 1131-(2014)-8.5-Ⅰ
110	表 7-10	仓储场所外部未按规定设置禁止燃放烟花爆竹醒目标志	XF 1131-(2014)-9.6-Ⅰ
8 火灾高危场所			
111	表 8-1	用火、动火场所未禁止在营业时间进行动火作业	GB/T 40248-(2021)-7.9.2(a)-Ⅴ
112	表 8-2	用电场所更换或新增电气设备未按规定设置保护措施	GB/T 40248-(2021)-7.8.2(b)-Ⅴ
113	表 8-3	人员密集场所未严禁生产或储存易燃、易爆化学物品	GB/T 40248-(2021)-7.10.1-Ⅰ
114	表 8-4	员工集体宿舍设置不符合规定	GB/T 40248-(2021)-★8.8.5-Ⅴ
115	表 8-5	使用燃气厨房未设置可燃气体检测报警装置	GB/T 40248-(2021)-8.1.11-Ⅴ
116	表 8-6	人员密集场所内燃油、燃气管道上未按规定设置手动和自动切断装置	GB/T 40248-(2021)-8.1.12-Ⅴ
8.1 厨房餐厅			
117	表 8-7	厨房设置闭式自动喷水灭火系统的洒水喷头不符合规定	GB 50084-(2017)-6.1.2-Ⅲ
118	表 8-8	餐厅建筑面积大于 1000m^2 的餐馆或食堂未按规定设置自动灭火装置	GB 50016-(2014)-8.3.11-Ⅲ
119	表 8-9	厨房烟道未按规定每季度清洗一次	GB/T 40248-(2021)-7.9.2(f)-Ⅴ
8.2 商场、客房			
120	表 8-10	商场内的库房与营业、办公部分未分隔，通向营业厅的开口未设置甲级防火门	GB/T 40248-(2021)-8.3.2-Ⅱ

续表

序号	表号	隐患要素	隐患编号
121	表8-11	客房内未设置“请勿卧床吸烟”提示牌，未设置疏散位置示意图	GB/T 40248-(2021)-8.3.2-Ⅴ
8.3 医院病房			
122	表8-12	高层病房楼未在二层及以上的病房楼层和洁净手术部设置避难间或设置不符合规定	GB 55037-(2022)-▲7.4.8-Ⅴ
8.4 公共娱乐场所			
123	表8-13	公共娱乐场所内未制定严禁使用明火进行表演或燃放各类烟花的有关规定	GB/T 40248-(2021)-8.4.2-Ⅴ
124	表8-14	在地下建筑内设置公共娱乐场所安全出口数量设置不符合规定	公安部令-39(1999)-13(2)-Ⅴ
8.5 老年人照料设施			
125	表8-15	老年人照料设施设置楼层、面积、使用人数等不符合规定	GB 55037-(2022)-▲4.3.5(4)-Ⅴ
126	表8-16	老年人用房及其公共走道未设置火灾探测器和声光警报装置或消防广播	GB 55037-(2022)-▲8.3.2(8)-Ⅴ
127	表8-17	老年人照料设施的厨房、烧水间等未单独设置或未按规定采用防火分隔设施	GB/T 40248-(2021)-8.6.10-Ⅴ
8.6 高层民用建筑			
128	表8-18	中庭建筑未按规定设置防火分隔设施，中庭内未设置排烟设施	GB 55037-(2022)-▲8.2.2(9)
129	表8-19	民用建筑内除可设置为满足建筑使用功能的附属库房外，设置生产场所或其他库房，与工业建筑 组合建造	GB 55037-(2022)-▲4.3.1-Ⅴ
130	表8-20	人员密集场所的公共场所等疏散门设有门槛，通向室外通道净宽度不符合规定	GB 50016-(2014)-5.5.19-Ⅴ
131	表8-21	人员密集场所的公共建筑在窗口、阳台等部位设置封闭的金属栅栏	GB 50016-(2014)-5.5.22-Ⅱ
132	表8-22	建筑高度大于100m的公共建筑未按规定设置避难层(间)或设置不符合规定	GB 55037-(2022)-▲7.1.14-Ⅴ
133	表8-23	高层民用建筑设有建筑外墙保温系统未按规定设置提示性和警示性标识	应急管理部令-5(2021)-19-Ⅴ
134	表8-24	高层民用建筑的户外广告牌、外装饰未按规定采用难燃或不燃材料，设置的装饰、广告牌不易于破拆	应急管理部令-5(2021)-21-Ⅴ
135	表8-25	高层民用建筑未按规定设置消防安全重点部位	应急管理部令-5(2021)-25-Ⅴ
136	表8-26	高层民用建筑未按规定配备灭火器材及逃生疏散设施器材	应急管理部令-5(2021)-30-Ⅴ
137	表8-27	高层民用建筑未按规定进行每日防火巡查并填写巡查记录	应急管理部令-5(2021)-34-Ⅴ
138	表8-28	高层民用建筑未按规定每月开展一次防火检查并填写检查记录	应急管理部令-5(2021)-35-Ⅴ
139	表8-29	高层民用建筑未按规定禁止在公共门厅、疏散走道、楼梯间等停放电动自行车或为其充电	应急管理部令-5(2021)-37-Ⅴ

续表

序号	表号	隐患要素	隐患编号
140	表 8-30	高层民用建筑未按规定每年组织开展一次整栋建筑的消防安全评估	应急管理部令-5(2021)-39-V
141	表 8-31	大型商业综合体承包方未按规定订立相应合同并明确各方的消防安全责任	应急消-314(2019)-8-V
142	表 8-32	大型商业综合体有两个以上产权单位、使用单位未按规定明确各方的消防安全责任	应急消-314(2019)-10-V
143	表 8-33	大型商业综合体的消防安全管理人未按规定取得注册消防工程师执业资格或工程类中级以上专业技术职称	应急消-314(2019)-12-V
144	表 8-34	大型商业综合体建筑消防设施未按规定设置提示性和警示性标识及使用方法标识	应急消-314(2019)-18-V
145	表 8-35	大型商业综合体建筑消防设施的消防用电设备的配电柜控制开关未按规定处于自动(接通)位置	应急消-314(2019)-19-V
146	表 8-36	大型商业综合体建筑防火分隔设施未按规定保持完整有效状态	应急消-314(2019)-20-V
147	表 8-37	大型商业综合体设有门禁系统的疏散门未按规定设置在火灾时能开启使用功能	应急消-314(2019)-26-V
148	表 8-38	大型商业综合体用火、动火安全管理不符合规定	应急消-314(2019)-48-V
149	表 8-39	大型商业综合体消防安全责任人、管理人及管理部门负责人未按规定每半年接受一次消防安全教育培训	应急消-314(2019)-62-V
150	表 8-40	大型商业综合体建筑面积超过 20 万平方米未按规定设置相应的微型消防站	应急消-314(2019)-77-V
9 消防安全管理			
9.1 消防安全职责管理			
151	表 9-1	单位未按规定落实消防安全主体责任和未明确单位消防安全职责	国办发-87(2017)-15-V
152	表 9-2	单位未按规定确定本单位的消防安全责任人和未明确消防安全责任人职责	公安部令-61(2001)-6-V
153	表 9-3	单位未按规定确定本单位的消防安全管理人和未明确消防安全管理人职责	公安部令-61(2001)-7-V
154	表 9-4	单位未按规定确定专职或者兼职的消防管理人员	公安部令-61(2001)-15-V
9.2 消防安全制度管理			
155	表 9-5	单位未按规定建立健全各项消防安全制度	公安部令-61(2001)-18(1)-V
9.3 消防安全重点管理			
156	表 9-6	单位未按消防安全重点单位界定标准界定消防安全重点单位,实行严格管理	公安部令-61(2001)-13-V
157	表 9-7	单位未按规定确定消防安全重点部位并实行严格管理	公安部令-61(2001)-19-V

续表

序号	表号	隐患要素	隐患编号
9.4 建筑消防设施维护管理			
158	表 9-8	建筑消防设施维护管理单位未与消防设备生产厂家、消防设施施工安装企业等有维修、保养能力的单位签订消防设施维修、保养合同	GB 25201-(2010)-▲4.4-V
159	表 9-9	单位制定的灭火和应急疏散预案以及组织预案演练未将建筑消防设施的操作内容纳入其中	GB 25201-(2010)-5.1-V
160	表 9-10	建筑消防设施的巡查频次不满足要求	GB 25201-(2010)-▲6.1.4-V
161	表 9-11	建筑消防设施未按规定每年至少检测一次	GB 25201-(2010)-▲7.1.1-V
162	表 9-12	建筑消防设施故障排除后未经消防安全管理人检查确认	GB 25201-(2010)-▲8.3-V
163	表 9-13	设有建筑消防设施的单位未按规定建立消防设施技术档案	GB 25201-(2010)-▲10.1-V
164	表 9-14	消防安全重点单位未按规定建立消防档案	公安部令-61 (2001)-41-V
9.5 防火巡查和检查管理			
165	表 9-15	单位未按规定进行日常防火巡查	公安部令-61 (2001)-25-V
166	表 9-16	单位未按规定进行定期防火检查	公安部令-61 (2001)-26-V
9.6 消防严禁行为检查管理			
167	表 9-17	单位未按规定进行消防严禁行为检查	公安部令-61 (2001)-21-V
消防违章行为检查管理			
168	表 9-18	单位未按规定进行消防违章行为检查	公安部令-61 (2001)-31-V
9.7 专职和志愿消防队管理			
169	表 9-19	单位未按规定建立专职消防队	消防法-(2021)-39-V
170	表 9-20	单位及村民委员会、居民委员会未按规定建立志愿消防队	消防法-(2021)-41-V
171	表 9-21	消防安全重点单位建立微型消防站站长未由单位消防安全管理人兼任	公消-301 (2015)-2(3)-V
9.8 消防培训与预案演练管理			
172	表 9-22	单位未按规定进行灭火和应急疏散预案演练	公安部令-61 (2001)-40-V
173	表 9-23	社会单位消防安全教育培训对象及培训课时不符合规定	公安部令-109 (2009)-V
174	表 9-24	消防安全责任人、消防安全管理人员等未按规定接受消防安全专门培训	公安部令-61 (2001)-38-V

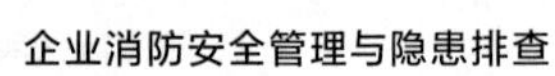

续表

序号	表号	隐患要素	隐患编号
10　重大火灾隐患判定			
重大火灾隐患直接判定要素			
175	表10-1	甲、乙类生产场所和仓库设置在建筑的地下室或半地下室	GB 35181-(2017)-★6.4-V
176	表10-2	1)人员密集场所的疏散走道、楼梯间、疏散门或安全出口设置栅栏、卷帘门	GB 35181-(2017)-7.3.9-V
		2)人员密集场所、高层建筑和地下建筑未按规定设置防烟、排烟设施,或已设置但不能正常使用或运行	GB 35181-(2017)-7.5-V
		3)违反规定使用燃油、燃气设备,或燃油、燃气管道敷设和紧急切断装置不符合标准规定	GB 35181-(2017)-7.9.3-V

附录2 防火检查工具

概述	防火检查是一项系统工程，传统的检查主要通过人的口、眼、鼻、手等，为确保消防安全，需要应用现代化科技手段，采用防火检查工具(仪器)进行定量检查。企业可在日常防火巡查和定期防火检查基础上，使用防火检查工具(仪器)进行检查，常用防火检查工具(仪器)介绍如下		
序号	防火检查工具名称		应用范围
1	声级计		主要用来测量声音(计量单位：dB)，如消防广播喇叭、水力警铃、电警铃、蜂鸣器等报警器件的声响效果。测试距离3m，测试消防广播喇叭声压级，在环境噪声大于60dB的场所，设置的扬声器在其播放范围内最远点的播放声压级应高于背景噪声15dB。测试消防水力警铃的声压级应不小于70dB
2	测距仪		主要用来测量长度、面积、体积等，如防火间距、充实水柱(计量单位：m)、建筑面积(计量单位：m^2)、消防水池、水箱体积(计量单位：m^3)等。通常，多层建筑之间防火间距不应小于6m；高层建筑之间防火间距不应小于13m；甲类厂房与明火或散发火花地点的防火间距不应小于30m等
3	风速计		风速计主要用来测量空气流速(计量单位：m/s)，如防烟风口风速、排烟风口风速、补风风口风速等。通常，正压送风口风速不宜大于7m/s；排烟风口风速不宜大于10m/s；机械补风口风速不宜大于10m/s
4	消火栓系统试水装置		消火栓系统试水装置是用于检测室内消火栓的静水压、出水压力(动压力，计量单位：MPa)，并校核水枪充实水柱。通常，消火栓栓口的动压力不应大于0.50MPa，当压力大于0.70MPa时，必须设置减压装置。高层建筑、厂房、库房和室内净空高度超过8m的民用建筑等场所，消火栓栓口动压力不应小于0.35MPa，且消防水枪充实水柱应按13m计算。而对于其他场所，消火栓栓口动压力不应小于0.25MPa，且消防水枪充实水柱应按10m计算

续表

序号	防火检查工具名称	应用范围
5	点型感烟探测器试验器	用于检查点型感烟火灾探测器。用加烟器向点型感烟火灾探测器施加烟气，点型感烟火灾探测器的报警确认灯应长时间亮起，并保持至复位，同时火灾报警控制器应有对应的报警点显示，显示的位置应与点型感烟火灾探测器所在的位置一致
6	点型感温探测器试验器	用于测试点型感温探测器功能。用热风机向点型感温火灾探测器的感温元件加热，点型感温火灾探测器的报警确认灯应长时间亮起，并保持至复位，同时火灾报警控制器应有对应的报警点显示，显示的位置应与点型感温火灾探测器所在的位置一致
7	燃气泄漏检测仪	采用高性能智能化气体传感器，把仪器放到待机检测环境中，如果有燃气泄漏，屏幕上的数字会发生改变，显示的数字越大，说明靠近泄漏点越近。当泄漏的燃气浓度达到报警预设值时，就会发出声光提示，如果燃气浓度降到安全范围，报警信号会自动消除
8	红外测温仪	红外测温仪是用来非接触测量温度的仪器，其原理是将物体发射的红外线具有的辐射能转变成电信号。红外线辐射能的大小与物体本身的温度相对应，根据转变成的电信号大小，可以确定物体的温度
9	红外热像仪	红外热像仪是利用红外探测器和光学成像物镜接收被测目标的红外辐射能量，从而获得红外热像图，这种热像图与物体表面的热分布场相对应，将物体发出的不可见红外能量转变为可见的热图像。热图像上面的不同颜色代表被测物体的不同温度，在消防监督检查工作中一般用于测量电气火灾隐患
10	其他	手电筒、秒表、钢卷尺、万用表、验电器、钳型电流表、超声波流量计、喷水末端试水接头、线型光束感烟探测器滤光片、照度计、防雷检测仪器、防爆静电电压表、防火涂料测厚仪、接地电阻测试仪、绝缘电阻测试仪、消防维保检测仪器等

参考文献

[1] 姜迪宁. 消防安全系统检查评估 [M]. 北京：化学工业出版社，2011.
[2] 姜迪宁. 防火防爆工程学 [M]. 北京：化学工业出版社，2015.
[3] 杨政. 建筑消防工程学 [M]. 北京：化学工业出版社，2018.
[4] 建筑防火通用规范 [S]. GB 55037—2022.
[5] 消防设施通用规范 [S]. GB 55036—2022.
[6] 建筑设计防火规范（2018 年版）[S]. GB 50016—2014.
[7] 人民防空工程设计防火规范 [S]. GB 50098—2009.
[8] 汽车库、修车库、停车场设计防火规范 [S]. GB 50067—2014.
[9] 自动喷水灭火系统设计规范 [S]. GB 50084—2017.
[10] 消防给水及消火栓系统技术规范 [S]. GB 50974—2014.
[11] 建筑防烟排烟系统技术标准 [S]. GB 51251—2017.
[12] 消防应急照明和疏散指示系统技术标准 [S]. GB 51309—2018.
[13] 火灾自动报警系统设计规范 [S]. GB 50116—2013.
[14] 气体灭火系统设计规范 [S]. GB 50370—2005.
[15] 二氧化碳灭火系统设计规范（2010 年版）[S]. GB/T 50193—1993.
[16] 泡沫灭火系统技术标准 [S]. GB 50151—2021.
[17] 细水雾灭火系统技术规范 [S]. GB 50898—2013.
[18] 水喷雾灭火系统技术规范 [S]. GB 50219—2014.
[19] 建筑灭火器配置设计规范 [S]. GB 50140—2005.
[20] 建筑钢结构防火技术规范 [S]. GB 51249—2017.
[21] 人员密集场所消防安全管理 [S]. GB/T 40248—2021.
[22] 仓储场所消防安全管理通则 [S]. XF1131—2014.
[23] 机关、团体、企业、事业单位消防安全管理规定 [Z].
[24] 社会单位消防安全教育培训规定 [Z].
[25] 社会单位消防安全教育培训大纲（试行）[Z].
[26] 社会单位灭火和应急疏散预案编制及实施导则 [S]. GB/T 38315—2019.
[27] 中华人民共和国消防法 [Z].
[28] 高层民用建筑消防安全管理规定 [Z].
[29] 建筑消防设施的维护管理 [S]. GB 25201—2011.
[30] 消防控制室通用技术要求 [S]. GB 25506—2011.
[31] 重大火灾隐患判定方法 [S]. GB 35181—2017.
[32] 消防安全重点单位微型消防站建设标准（试行）[Z].
[33] 消防安全责任制实施办法 [Z].